JN262303

プライマリー薬学シリーズ 5

薬学の基礎としての
数学・統計学

日本薬学会編

東京化学同人

まえがき

　これからの時代に即した薬剤師の育成をめざして新しい目標を掲げた薬学教育制度が2006年にスタートしましたが，第1回卒業生がこの春に巣立って実施段階がようやく一巡しました．この教育制度を実施するに当たっては"薬学教育モデル・コアカリキュラム"がその根幹となってきました．多くの大学では，この"薬学教育モデル・コアカリキュラム"に沿って作成された"日本薬学会編　スタンダード薬学シリーズ"を教科書として使用してきています．

　しかし，学生の達成度を評価してみると，すべての学生にとってスタンダード薬学シリーズは必ずしも適切というわけではなく，特に初めて薬学を学ぶ大学1,2年生には，薬学準備教育として，基礎的な知識・技能や考え方を身につける教育が，これまで以上に必要であることがわかってきました．このようなことから，新しい薬学教育のねらいを効率的にサポートするために，日本薬学会では新たな教科書として"プライマリー薬学シリーズ"を刊行することにしました．

　本書"プライマリー薬学シリーズ　5. 薬学の基礎としての数学・統計学"は，薬学で必要とされる数学の基礎的な知識・技能や考え方を身につけることを目標として作成しました．"薬学のための準備数学"であることを強く意識して，各章の構成や配列，数学的表現は高校で学んだ数学とはだいぶ異なるものとしています．まず，薬物などを正確に測定するときに必要となる数値の基本的な扱い方とその意味を学べるように工夫してあります．つぎに，関数のもつ意味と扱い方について，薬学では特に重要となる比例・反比例，指数・対数を修得してもらえるように多くのページを割いています．さらに，薬理学や薬剤学などの学習で，くすりの効果や変化を量的に取扱うときの準備として欠かせない，微分方程式の理解と計算技術に習熟するために，微分・積分の内容を充実させました．同様に，医薬品情報・評価学などの準備として必要な統計的な方法の初歩も盛り込みました．

　大昔から数学は基礎科目であるにもかかわらず，その学習は難しいことで知られていました．かのアレキサンダー大王も数学を学ぶのに苦しみ，"何か手短なやり方はないのか？"と弱音をはいたところ，数学の先生に"幾何学に王道なし"とぴしゃりと言われたということが伝えられています．数学の学習は，自分がわかっていることをもとに一歩一歩積み重ねていく"万人の方法"しかありません．数学の内容を理解して問題を解き，後の章で使っていくことがこの教科書の最も効果的な学習方法です．ぜひ，本書を有効に使い，数学の基礎的な知識と計算，解き方を身につけてください．数学は自然科学の最も基礎となる学問です．数学を学習することで，薬学の学習に必要な"結果には必ず原因がある"という論理的な考え方をマスターしましょう．

2012年4月

編著者一同

第 5 巻 薬学の基礎としての数学・統計学

編 集 委 員

小 澤 俊 彦	日本薬科大学薬学部 客員教授，放射線医学総合研究所名誉研究員，薬学博士	
鈴 木 巖	高崎健康福祉大学薬学部 教授，薬学博士	
須 田 晃 治[*]	明治薬科大学名誉教授，薬学博士	
山 岡 由 美 子	元神戸学院大学薬学部 教授，薬学博士	

[*] 責任者

執 筆 者

室 岡 和 彦	前明治薬科大学薬学部 教授，教育学修士

目　　次

第5巻　薬学の基礎としての数学・統計学

第Ⅰ部　数値の扱い　……………………………………………………………… 1
第 1 章　大きな数・小さな数 …………………………………………………… 3
第 2 章　測定値と誤差 …………………………………………………………… 6
第 3 章　有効数字 ………………………………………………………………… 8
第 4 章　数のしくみ ……………………………………………………………… 11

第Ⅱ部　種々の関数とグラフ ……………………………………………………… 15
第 5 章　比例と反比例 …………………………………………………………… 17
第 6 章　関数とそのグラフ ……………………………………………………… 21
第 7 章　一次関数とそのグラフ ………………………………………………… 24
第 8 章　線形回帰 ………………………………………………………………… 27
第 9 章　べ き 乗 ………………………………………………………………… 31
第 10 章　自然対数の底 e ………………………………………………………… 34
第 11 章　対　　数 ………………………………………………………………… 36
第 12 章　二次方程式 ……………………………………………………………… 40
第 13 章　指数関数 ………………………………………………………………… 43
第 14 章　対数関数 ………………………………………………………………… 46
第 15 章　三角関数 ………………………………………………………………… 49

第Ⅲ部　微分法・積分法 …………………………………………………………… 53
第 16 章　微分の考え方 …………………………………………………………… 55
第 17 章　微分係数と導関数 ……………………………………………………… 58
第 18 章　微分法の規則 …………………………………………………………… 61
第 19 章　高階微分 ………………………………………………………………… 64
第 20 章　グラフの面積 …………………………………………………………… 66
第 21 章　定 積 分 ………………………………………………………………… 69
第 22 章　不定積分 ………………………………………………………………… 73
第 23 章　多変数関数と偏微分 …………………………………………………… 78
第 24 章　微分方程式 ……………………………………………………………… 82
第 25 章　変数分離形の微分方程式 ……………………………………………… 85

第IV部　統計の基礎 …… 89
- 第26章　データの収集と整理 …… 91
- 第27章　代　表　値 …… 95
- 第28章　正規分布 …… 98
- 第29章　検　　定 …… 100
- 第30章　単位と次元 …… 103
- 第31章　単位の変換 …… 107

付　　　録 …… 111
- 関数電卓の特徴 …… 113
- 例題・練習問題・発展問題の解答 …… 117
- 索　　引 …… 131

I 数値の扱い

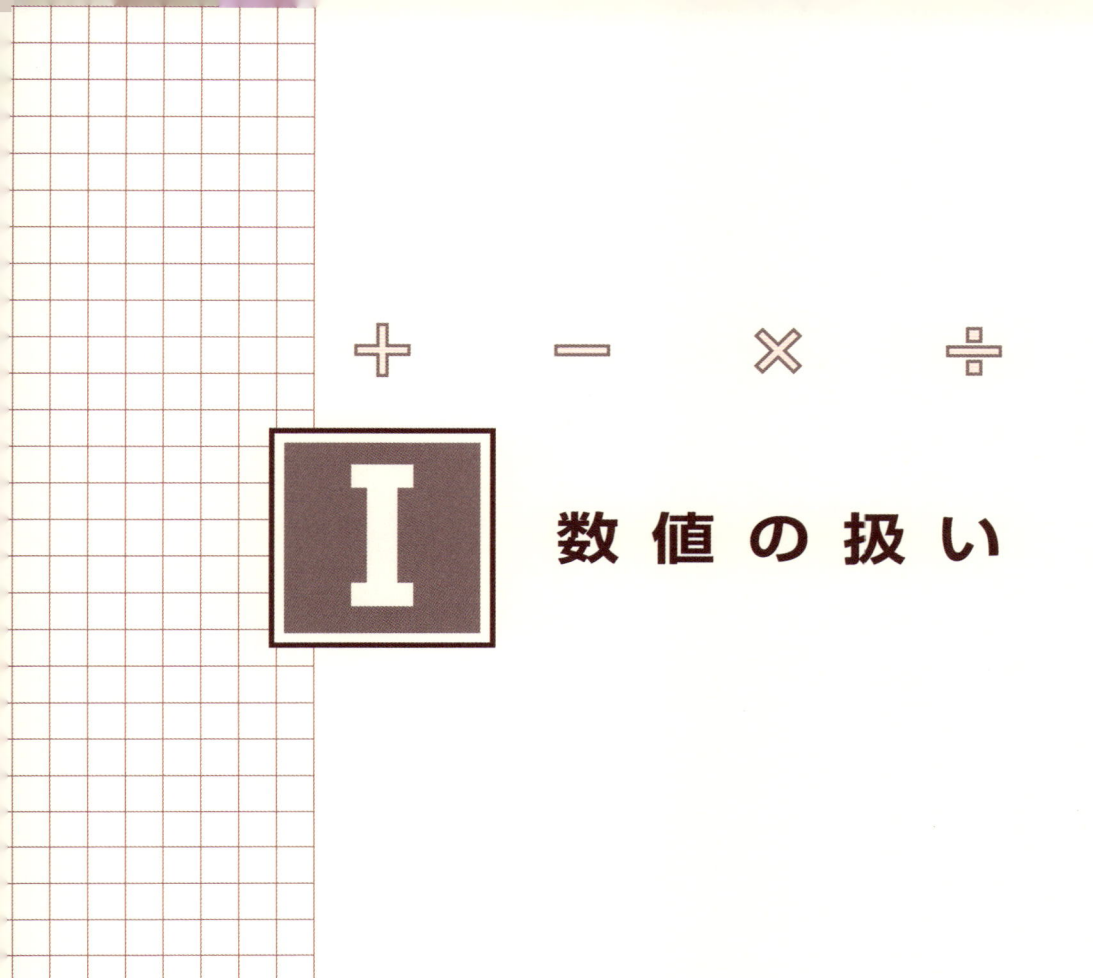

第1章 大きな数・小さな数

到達目標 薬学を含む自然科学では，大きな数や小さな数をひんぱんに使うが，マイクロシーベルトのマイクロなど SI 接頭語を使ったり，$3×10^8$ m s^{-1}（光の速さ）など 10 のべき乗（累乗）で表すことも多い．数のこうした表し方をマスターし，大きな数や小さな数の表す量をイメージできるようにしよう．

薬学とのつながり 分子・原子などの個数が 6022 万個の 1 億倍のさらに 1 億倍集まった集団を表す単位を mol（モル）という．mol を 10 のべき乗（累乗）で表すと $6022×10^{20}$ または $6.022×10^{23}$ となる．mmol（ミリモル）は mol の 1000 分の 1 であるから $6.022×10^{20}$ と表せる．このように薬学を含む自然科学では SI 接頭語や 10 のべき乗を使った数の表現は，ごく普通に使われている．

考えてみよう 2 μm は □ mm であり，10 のべき乗では $2×10^{□}$ m と表せる．

〔答：0.002 ; −6〕

1・1 数の扱い

私たちは日常，十進法で表された数（十進数）を使っている[*1]．自然科学でも同様に十進数を使うが，日常生活ではめったにお目にかかれない大きな数や小さな数を同時に扱う必要がある——たとえば，光が 1 秒間に真空中を進む距離は約 30 000 000 000 cm，陽子を球と考えたときその直径は約 0.000 000 000 000 001 m である．

科学では大きな数，小さな数を 3 桁刻みで表すことが多い．このとき使われるのが **SI 接頭語**である．SI とは国際単位系（☞ 第 30, 31 章）のことで，SI 接頭語には k（キロ）や m（ミリ）のように，日常生活でも活躍しているものがある．おもな SI 接頭語をつぎに示す．

大きい方	k（キロ） 1000倍, 10^3	M（メガ） k の 1000 倍, 10^6	G（ギガ） M の 1000 倍, 10^9	T（テラ） G の 1000 倍, 10^{12}
小さい方	m（ミリ） 1/1000, 10^{-3}	μ（マイクロ） m の 1/1000, 10^{-6}	n（ナノ） μ の 1/1000, 10^{-9}	p（ピコ） n の 1/1000, 10^{-12}

赤字で記したものは，薬学でよく使われる SI 接頭語[*2]

1 km（キロメートル）は 1 m（メートル）の 1000 倍なので，1000 m のことであり，1 mg（ミリグラム）は 1 g（グラム）の $\frac{1}{1000}$ なので 0.001 g である．SI 接頭語を使う場合は，数を適切に表す SI 接頭語を選ぶことが肝要である[*3]．

よい例： 1.20 mg（0.001 20 g のこと）　21 km　（21 000 m のこと）
悪い例： 1200 mm（1.2 m とする）　0.0012 g（1.2 mg とする）

例題 1 つぎの数値を適切な SI 接頭語を使って表してみよう．
(1) 10 000 J　　　　(2) 2 000 000 eV　　　　(3) 0.000 000 4 m
(4) 0.000 000 12 kg（g 単位で表しなさい）

〔答：(1) 10 kJ；(2) 2 MeV；(3) 400 nm；(4) 0.000 12 g〕

[*1] 日常生活における大きな数の表し方
1 万	10 000
1 million	1 000 000
1 億	100 000 000
1 billion	1 000 000 000
1 兆	1 000 000 000 000

[*2] 薬学は小さな分子の世界を扱うので，小さい数を表す SI 接頭語にふれる機会が多い．左表以外にも，p の 1/1000（10^{-15}）の f（フェムト）や，その 1/1000（10^{-18}）の a（アト）も目にする機会があろう．

[*3] ただし，いくつかの数値を比べるときは同じ接頭語を使って表すことがある．例：ヒトは 1 秒間に 0.093 L（リットル），1 分間に 5.6 L，1 日に約 8000 L の空気を呼吸している．

J（ジュール）と eV（電子ボルト）：ともにエネルギー，仕事，熱量を表す SI 単位（☞ 第 30, 31 章）．

1・2 10のべき乗

§1・1でSI接頭語を使って大きな数や小さな数を表した．大きな数や小さな数は10のべき乗を使って表すこともある．べきの詳しい規則は第9章で学ぶ．4^2の2に当たる数を"4のべき指数（累乗の指数）"，5^{-3}の−3に当たる数を"5のべき指数"という．同じように，10^2，10^{-3}の2や−3を"10のべき指数"という．

ヒトの腸の中には100種類以上，100兆個以上の細菌が生きているといわれる．この100兆を適切なSI接頭語，10のべき乗で表すとつぎのようになる．

100兆個 ＝ 100 000 000 000 000 個
　　　　⟶ 100 T 個〔SI接頭語 T（テラ）を使う〕
　　　　⟶ 1×10^{14} 個（10のべき乗を使う）

逆に，細菌一つ一つの大きさは小さな数で表すことができる．ヒトの大腸菌は長さが0.001〜0.003 mm，直径が約0.001 mmの棒状をしている．この0.001 mmを適切なSI接頭語と10のべき乗で表すとつぎのようになる．

0.001 mm ＝ 0.000 001 m
　　　　⟶ 1 μm（SI接頭語 μ を使う）
　　　　⟶ 1×10^{-6} m

125 000を10のべき乗で表してみよう．0.125×10^6，12.5×10^4とも表せるが，ふつう1.25×10^5のように1以上10未満の数を使って表す．1.25×10^5の1.25を**仮数部**，10^5を**指数部**という（☞第3章，第9章）．

> **べき指数の確かめ方**：自然数 n について，
> $10^n = 1000\cdots 0 \Rightarrow 0$ が n 個
> $10^{-n} = 0.000\cdots 01 \Rightarrow 0$ が全部で n 個
> である．ここで，$10^{-n} = 1/10^n$ を表すことから $10^{-1} = 1/10 = 0.1$，$10^{-2} = 1/10^2 = 0.01$ となり，0の個数はそれぞれ1個，2個あることが確かめられる．10のべき乗の計算ではこうした確かめ方が大切である．

例題 2 つぎの数値を10のべき乗で表してみよう．□に数を入れなさい．
(1) 1 000 000 = $1.0 \times 10^\square$　　(2) 3億 = $3.0 \times 10^\square$　　(3) 0.0033 = $3.3 \times 10^\square$

〔答：(1) 6；(2) 8；(3) −3〕

1・3 割合を表す記号

日常生活でもよく使われる**パーセント（%）**は，百分率のことで全体を100としたときの割合を表す．薬学では，パーセントとともに ppm（ピーピーエム）や ppb（ピーピービー）といった記号も使われる．**ppm は百万分率**（parts per million）のことで，全体を100万としたときの割合のことであり，**ppb は十億分率**（parts per billion）のことで，全体を10億としたときの割合のことである．さまざまな量の食塩が溶けている水溶液が1 kgある場合で考えてみる．

　10 g が溶けているときの食塩の割合：　　　　　　　1000 g に対して 1 %
　1 mg = 1×10^{-3} g が溶けているときの食塩の割合：　1000 g に対して 1 ppm
　1 μg = 1×10^{-6} g が溶けているときの食塩の割合：　1000 g に対して 1 ppb

日本薬局方で用いられる濃度の表し方 w/v %（質量対容量百分率）は，溶液100 mL中に溶けている物質の質量（単位は g）である．異なる物理量（☞第30章）である体積と質量を比較しているので，これをパーセントとして表すことは

> **何を基準とするか**：%，ppm，ppb は割合を表すものなので，何の何に対する割合かを把握しておく必要がある．

原理的にはおかしいが，水は 100 mL がほぼ 100 g であるので，感覚的には % が付いていても違和感がない．

例題 3 割合を表す記号と値を，10 のべき乗の形で表してみよう．□ に適切な数を入れなさい．

$1\% = 1 \times 10^{-2}$;　　　$1\,\text{ppm} = 1 \times \square$;　　　$1\,\text{ppb} = 1 \times \square$

〔答：順に，10^{-6}；10^{-9}〕

練習問題

1. SI 接頭語を使って表されているつぎの数の単位を 10 のべき乗で表しなさい．
   (1) $400\,\text{nm} = 4 \times 10^{\square}\,\text{m}$　　(2) $286.0\,\text{kJ} = 2860 \times 10^{\square}\,\text{J}$
   (3) $96.5\,\text{kC} = 9.65 \times 10^{\square}\,\text{C}$

2. 10 のべき乗の形で表されているつぎの数値を，適切な SI 接頭語を使って表しなさい．
   (1) $2.9 \times 10^{-9}\,\text{m}$　　(2) $5.6 \times 10^{6}\,\text{Pa}$　　(3) $1.7 \times 10^{14}\,\text{Bq}$　　(4) $1.67 \times 10^{-1}\,\text{F}$

3. "大気汚染に係る環境基準"では，大気中の一酸化炭素（CO）の 1 時間当たりの値の 1 日平均値は 10 ppm 以下と定められている（空気の体積に対する CO の体積の割合で表される）．この環境基準値は，空気 1 L 中に CO が何 L あることに相当するか．

4. 水道水の残留塩素は $0.1\,\text{mg L}^{-1}$ 以上と水道法で定められている．何 ppm および何 ppb に相当するか．

クーロン C：電荷・電気量を表す単位．
パスカル Pa：圧力，応力の単位．
ベクレル Bq：放射能の単位．
ファラド F：静電容量・電気容量の単位．

第 2 章　測定値と誤差

到達目標　薬学では実験でいろいろな測定値を求める．また，臨床の現場ではいろいろな検査値に出会う．このような測定値を扱う場合，正確に測定することと，測定で得られた数値の正確さを認識することが大切である．測ることの重要性を認識し，測定した値（測定値）にはいろいろな誤差が含まれることを理解しよう．

薬学とのつながり　くすりは毒にもなるから，重さや体積を正確に測りその中に含まれる誤差の大きさを知らないと大変なことになりかねない．また，臨床の現場での信頼性を吟味するためには測定値の正しい理解に加えて，得られた値の誤差の大きさを認識することが大切である．

考えてみよう　デジタル天秤で 1.24 g と表示された薬物の，真の重さは □ g 以上 □ g 未満にある．□ に数字を入れなさい．

〔答：順に，1.235；1.245〕

2・1　誤差の表し方

ものの重さや体積などを測ったとき，その測定値には不確かさがある．この不確かさが**誤差**である．一目盛が 0.1 cm のものさしで名刺の 1 辺の長さを測ったときの値が 5.52 cm であったとき（右図），その真の値は 5.52±0.005 cm である．この ±0.005 cm が誤差になる．そして，真の値は 5.515 cm 以上，5.525 cm 未満の範囲にあることを表している．

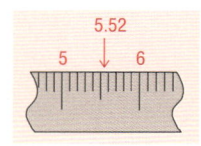

誤差の表し方：右図の場合，一般的には本文中のように 5.52±0.005 cm と表すが，下のような表し方もある．

5.515 cm ≦ x < 5.525 cm
|x−5.52| ≦ 0.005 cm
5.520(5) cm

ここで x は真の値を表す．誤差は以上・以下の範囲で表すこともある．

例題 1　名刺のもう一辺の長さが 9.05±0.005 cm のとき，真の値の範囲はどうなるか．□ に数値を入れなさい．
□ cm 以上，□ cm 未満．

〔答：順に，9.045；9.055〕

2・2　測ること

ものを測ることは，ものの個数を数える**計数**と，ものの重さや体積などの量を測る**計量**に分けられる．計数は分子の個数やカプセルの個数などを数えることだから自然数（☞ 第 4 章）で表す．

計量は試料に含まれる成分の量や濃度を決定する定量分析に不可欠の操作である．計量に当たっては計量器を正しく使い，あらかじめ決めた詳しさ（精度）で，測定値に偏りがないようにする必要がある．

計量器には，電子天秤などデジタル表示する計量器と，ピペットなど目盛をアナログ的に読みとる計量器がある．デジタル機器で読みとる数値の場合，表示された数値の最小の桁には誤差がある．装置自体の誤差は取扱い説明書に記載されている．

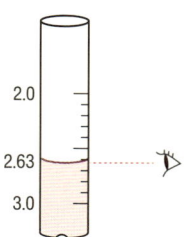

アナログ式の計量器の場合，計量器に刻まれている目盛の 1/10 の値まで目分量で読む．したがって，読んだ数値の最

ピペットやビュレットなどで体積を測る場合，メニスカス（液面がくぼんだ状態）の底の値を読むことになっている．

後の桁には誤差がある．p.6 のビュレットの例では，1 目盛が 0.1 mL で，その 1/10 は 0.01 mL だから 2.63 mL と読みとることができる．なお，計量器自身も経年劣化で誤差が生じる．その誤差は，各計量器の規格によって異なっている．一般に，精度の高い計量には高い規格のものを使う必要がある．

例題 2
(1) デジタル温度計で測った温度が 27.3 ℃ であったとき，真の値は 27.3±□ ℃ である．□ に数を入れなさい．
(2) p.6 のビュレットで量った体積の真の値は 2.63±□ mL である．□ に数を入れなさい．
〔答：(1) 0.05；(2) 0.005〕

2・3 誤差の種類

・**操作に基づく誤差**　計量時（重さや体積を測るとき）に生じる誤差で，**偶然誤差**と**系統誤差**の 2 種類がある．通常，偶然誤差と系統誤差の区別はつけずに誤差として扱う．

・**誤差の表現**　**絶対誤差**と**相対誤差**の 2 種類がある．5 円硬貨の質量（重さ）は 3.75 g である．5 円硬貨を製造するとき，許される誤差 0.005 g について 3.75±0.005 g の範囲にないものは不良品としてはじくとすれば 0.005 g が絶対誤差である．この 0.005 g は，5 円硬貨の質量に対して 0.005/3.75＝0.0013… という割合を示す．このように割合で表した誤差を相対誤差という．一般に，相対誤差は意味のある数字 2 桁で表すので，この場合の相対誤差は 0.0013 である．また，この相対誤差を 100 倍した値 0.13 % が誤差のパーセント表示である．

・**データ処理に伴う誤差**　数値の切り上げ，切り捨て，四捨五入を**丸め**といい，丸めに伴って生じる誤差を**丸め誤差**という．たとえば，測定値 3.75 g の小数点以下第 2 位を四捨五入する場合，この丸めによって測定値は 3.8 g，絶対誤差は最大 0.05 になる．工業製品を扱うときの丸め誤差については JIS 規格，医薬品の質量などの丸め誤差については日本薬局方の規定に従う．

誤差は，日ごろからつねに意識していないと忘れがちになるが，実験や測定から得られた数値（データ）を正しく扱い，意味のある結果を得るためには忘れてはならない大切なものである．

偶然誤差：誤差値の読み方の違いなど，個人的なばらつきによるもの．取除くことはできないが，練習を積んだり測定回数を増やすなどの方法で小さくできる．

系統誤差：操作上の誤差であり，計量器の変形，試薬中の不純物，温度差などにより生じる．機器を正しく校正することで小さくできる．

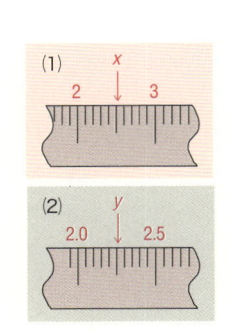

例題 3　ある試料が 1.35±0.006 g の範囲内で量られたとき，□ に数を入れなさい．
(1) この試料の取りうる値の範囲は，□ g 以上，□ g 未満である．
(2) 相対誤差は □ % である．
〔答：(1) 順に，1.344, 1.356；(2) 0.44〕

練習問題

1. あるものさしは，30 cm について ±0.4 μm の誤差が許されている．
(1) このものさしの長さが 120.0 cm のとき，絶対誤差の範囲を求めなさい．
(2) 相対誤差を 10 のべき乗で表しなさい．
2. 欄外図のものさしの x, y を読みとり，真の値の範囲を ± で表しなさい．

第3章 有効数字

到達目標 測定値の精度を表すのが有効数字であり，有効数字の桁数が有効桁数である．目的に基づいて測定した数値の精度とそれに必要な有効桁数について理解し，有効数字による計算が確実にこなせるようになろう．

薬学とのつながり くすりは適切に扱ってこそくすりなのであって，実験や検査の測定値を加工するとき，有効数字の考えを知らないと信頼できる値とはならず，くすりを毒にしてしまう危険性が高くなる．

考えてみよう 数値 1.23 の有効桁数は □，数値 1230 の有効桁数は □ または □ のどちらかである．□ に数を入れなさい．

〔答：順に，3；3；4〕

3・1 有効数字と有効桁数

1.243 とデジタル表示された最後の桁には誤差が含まれる（☞ 第2章）．この**誤差を含む桁までの数値が測定結果を述べるのに必要な数であり，この数を有効数字**という．また，有効数字までの桁数のことを**有効桁数**という．**基礎物理定数**として扱われている数は，測定技術の進歩により有効桁数が増えている[*1].

*1 基礎物理定数にも誤差はあるが，有効桁数が測定値よりも大きいので，誤差のない定数と扱って差し支えない．

基礎物理定数	1999 年	2010 年
電子の質量 単位 kg	$9.109\,389\,7 \times 10^{-31}$ 有効数字は 8 桁	$9.109\,382\,15 \times 10^{-31}$ 有効数字は 9 桁
原子質量定数 単位 kg	$1.660\,540\,2 \times 10^{-27}$ 有効数字は 8 桁	$1.660\,538\,782 \times 10^{-27}$ 有効数字は 10 桁

出典：国立天文台編，"理科年表"，丸善株式会社(1998, 2009)．

*2 測定値の場合，有効桁数は，何桁欲しいという必要性と計量器に掛かる費用から決まることが多い．測定した数値に求められる有効桁数が不明な場合や自分で決める場合は，あらかじめ必要な有効桁数を設定しておくようにしよう．

測定値を扱うときは**有効桁数をつねに意識する**[*2]．たとえば，測定値 1.23 と 1.230 の有効桁数は，前者が 3 桁，後者が 4 桁である．**小数で表された数値では，最後の桁の数値までが有効数字であり，その桁数が有効桁数になる**．

一方，測定値 12 300 があったとき，その有効桁数はわからない．1 位の位まで正確に 12 300 かもしれないし，12 250 だったので 10 の位を四捨五入して 12 300 にしたのかもしれない．前者の有効桁数は 5 桁であるが，後者の有効桁数は 3 桁である．**有効桁数を明確にするためには，前者を 1.2300×10^4，後者を 1.23×10^4 のように 10 のべき乗で表す必要がある．**

例題 1 つぎの測定値の有効桁数は何桁だろうか．□ に数を入れなさい．
(1) 2.302×10^3 □ 桁   (2) 1.6430×10^{-3} □ 桁

〔答：(1) 4；(2) 5〕

3・2 有効数字の四則計算

測定値などの四則演算では，その有効桁数まで正しく求める必要がある．

a. 足し算と引き算 二つの有効数字の和や差を求めるとき，たとえば，有効桁数が 3 桁の測定値 12.4 と 1.45 の和は，

$$12.4 + 1.45 = 13.9$$

```
   12.4
    5
+) 1.4 5
   13.9
```

このように，12.4 の末位に 1.45 の末位を合わせる（1.45 の 5 を四捨五入して 1.5 にする）．一般に，有効数字同士の足し算や引き算では，最も誤差の大きい測定値と末位を一致させる．

例題 2 測定値 10.4 と 1.45 の差を求める．□ に数を入れなさい．
10.4 と 1.45 の有効桁数はともに □ 桁だが，10.4−1.45=□ の有効桁数は □ 桁になる．
〔答：順に，3；8.9；2〕

b. 掛け算と割り算 二つの有効数字の積や商を求めるときは，それぞれの有効桁数を調べてその小さい方が積，商の有効桁数になる[*1]．たとえば，縦 14.8 cm，横 10.5 cm の文庫本の面積は，

$$14.8 \times 10.5 = 155.4 \text{ より } 155 \text{ cm}^2$$

```
      14.8
   ×) 10.5
      74 0
    148
    155.4 0
```
赤字は誤差を含む数値

14.8，10.5 の有効桁数はともに 3 桁だから，積 155.4 の有効桁数は 3 桁になる．155.4 の上から 4 桁目を四捨五入して 155 を有効数字とする[*2]．

例題 3 14.8 cm÷8.5 cm の割り算をすると 1.7411… になるが，その有効数字はどうなるだろうか．
〔答：1.7（有効桁数は 2 桁）〕

3・3 10 のべき乗の四則計算

10 のべき乗で表された測定値があり，その四則計算をする必要があるときのことを考えよう．

a. 足し算と引き算 10 のべき乗で表された測定値の足し算と引き算は，指数部を一致させて仮数部を計算する．

$$1.23 \times 10^5 + 3.42 \times 10^4 = 1.57 \times 10^5$$

指数部が 10^5 と 10^4 で異なるので，3.42×10^4 を 0.342×10^5 と変形し，仮数部の数値 1.23 に 0.342 の末位を合わせ 0.34 として加える．

$$\begin{aligned} 1.23 \times 10^5 + 3.42 \times 10^4 &= 1.23 \times 10^5 + 0.342 \times 10^5 \\ &= (1.23 + 0.34) \times 10^5 \\ &= 1.57 \times 10^5 \end{aligned}$$

例題 4 $3.21 \times 10^5 + 3.14 \times 10^4$ を 10 のべき乗で表す．□ に数を入れなさい．
二つの数を 10^5 に合わせて $(□+□) \times 10^5$，仮数部の末位を合わせて $□ \times 10^5$ となる．
〔答：順に，3.21；0.314；3.52〕

日本薬局方では：あらかじめ決めた既定値の有効数字が n 桁のとき，実測値を $n+1$ 桁まで求めた後，$n+1$ 桁目の数値を四捨五入して n 桁の数とすることを定めている（第十六改正日本薬局方，通則 24 項）．

[*1] 三つの有効数字 a, b, c を掛けるときは，三つ全部の積 $a \times b \times c$ を計算してその有効数字を求める．$a \times b$ の有効数字を求め，それと c を掛けてはいけない．

[*2] 二つの測定値 a, b の積 $a \times b$，商 $a \div b$，$b \div a$ などの値を求めるとき，a, b の値が 1.01 や 0.99 など整数に近い場合に有効桁数が異なることがある．あらかじめ有効桁数を確保するなどの工夫（例の場合は 3 桁にそろえるなど）をする．

10　第Ⅰ部　数値の扱い

10 のべき乗の計算（☞ 第 9 章）：
$10^a \times 10^b = 10^{a+b}$
$10^a \div 10^b = 10^{a-b}$

b. 掛け算と割り算　　10 のべき乗の数の掛け算，割り算は，仮数部，指数部をそれぞれ別に求める．

たとえば，有効桁数が 4 桁と 3 桁の 2 数 3.215×10^5 と 3.14×10^4 の積は仮数部同士，指数部同士で別々に掛け算し，仮数部の有効桁数を 3 桁にする．

$$(3.215 \times 10^5) \times (3.14 \times 10^4)$$
$$= (3.215 \times 3.14) \times (10^5 \times 10^4)$$
$$= 10.0951 \times 10^{5+4} = 10.0951 \times 10^9$$

から 1.01×10^{10} が得られる．

3.215×10^5 を 3.14×10^4 で割る場合も，つぎのように仮数部同士，指数部同士で別々に割り算し，仮数部の有効桁数を 3 桁にして求める．

$$(3.215 \times 10^5) \div (3.14 \times 10^4)$$
$$= (3.215 \div 3.14) \times (10^5 \div 10^4)$$
$$= 1.0238\cdots \times 10^{5-4}$$

から 1.02×10^1（$= 10.2$）が得られる．

```
      3.2 1 5
   ×) 3.1 4
   1 2 8 6 0
     3 2 1 5
   9 6 4 5
  1 0.0 ̶9 ̶5 ̶1 ̶0
            1
```
赤字は誤差を含む数値

```
          1.0 2 ̶3 ̶8
   3.1 4) 3.2 1 5
          3.1 4
            7 5 0
            6 2 8
          1 2 2 0
            9 4 2
          2 7 8 0
          2 5 1 2
            2 6 8
```
赤字は誤差を含む数値

例題 5　　3.015×10^5 と 3.14×10^4 の積について，□ に数を入れなさい．
$(3.015 \times 10^5) \times (3.14 \times 10^4) = 3.015 \times 3.14 \times 10^□ = 9.4671 \times 10^□$，有効桁数を □ 桁にして $□ \times 10^□$

〔答：順に，9；9；3；9.47；9〕

例題 6　　3.215×10^7 を 3.24×10^4 で割った商について，□ に数を入れなさい．
$(3.215 \times 10^7) \div (3.24 \times 10^4) = 3.215 \div 3.24 \times 10^□ = 0.992\,283\,95 \times 10^□$，有効桁数を □ 桁にして $□ \times 10^□$

〔答：順に，3；3；3；9.92；2〕

桁落ち：ほぼ等しい数値 a，b の引き算をするとき，有効桁数が減ることがあり，これを桁落ちという．このような 2 数を引き算するときには注意が必要である（☞ 例題 7）．

例題 7　　二つの数 1.012，0.9988 の引き算 1.012 − 0.9988 を行い，その有効桁数を求めてみよう．

〔答：1.012 − 0.9988 = 0.013，有効桁数は 2 桁〕

練 習 問 題

1. 有効数字 4 桁の数 4.141，3 桁の数 4.12 について，つぎの数を求めなさい．
(1) 和　4.141 + 4.12
(2) 差　4.141 − 4.12
(3) 積　4.141 × 4.12
(4) 商　4.141 ÷ 4.12

2. 10 のべき乗で表された数 1.22×10^{-6}，9.89×10^{-7} について，つぎの数を 10 のべき乗で表しなさい．
(1) 和　$1.22 \times 10^{-6} + 9.89 \times 10^{-7}$
(2) 差　$1.22 \times 10^{-6} - 9.89 \times 10^{-7}$
(3) 積　$(1.22 \times 10^{-6}) \times (9.89 \times 10^{-7})$
(4) 商　$(1.22 \times 10^{-6}) \div (9.89 \times 10^{-7})$

第4章 数のしくみ

到達目標　有理数には分数，小数という表現があり，無理数には $\sqrt{2}$ や π，e などがある．数の計算原理を理解して勘違いをなくし計数や計量の数学的な意味をおさえ，間違いのない流ちょうな計算ができるようになろう．

薬学とのつながり　計数や計量を行うとき，単に型通りするのではなく，数の意味と計算の原理を考えて行う必要がある．ヒヤリハットを防いだり，計数・計量にたじろがないように，数の意味とその計算をきちんと身につけておく必要がある．

考えてみよう　つぎの (1)～(3) は正しいか正しくないか．
(1) "x は 3 以下"に $x=3$ は入る；　(2) $|x|=x$ はいつも成り立つ；　(3) $\sqrt{x}$ は無理数
〔答：(1) 正しい；　(2) 正しくない（$x=-1$ のとき $|x|=-x$）；　(3) 正しくない（$\sqrt{4}$ は自然数）〕

4・1 数の概念

計数を行うとき $1, 2, 3, \cdots$ と数えるが，これらを**自然数**，または**正の整数**という．

つぎに，0 と負の整数 $-1, -2, -3, \cdots$ を考え，正の整数，0，負の整数を合わせて**整数**という．

整数 m と，0 でない整数 n で $\dfrac{m}{n}$ の分数の形に表される数を**有理数**という．$m=\dfrac{m}{1}$ だから整数も有理数である．

整数でない有理数を小数で表すと $\dfrac{5}{4}=1.25$ のように**有限小数**になるか，$\dfrac{15}{11}=1.363\,636\cdots$ のように**循環小数**になる*．

1 辺の長さが 1 の正方形の対角線の長さは $\sqrt{2}$ である．$\sqrt{2}$ は分数の形に表せないから有理数ではない．$\sqrt{2}$ のように有理数でない数を**無理数**といい，いずれも循環しない無限小数になる．

有理数と無理数を合わせて**実数**という．

無理数の例：　　$\sqrt{3}=1.732\,050\,8\cdots$,
円周率 $\pi=3.141\,592\cdots$,
自然対数の底（ネイピア数）$e=2.718\,281\cdots$

* 有限小数と循環小数は分数で表現できる．

虚数と複素数：2 乗して負になる数が虚数である．たとえば，2 乗して -2 になる数は $\pm\sqrt{2}\,i$（$i=\sqrt{-1}$ は虚数単位）と表す．実数と虚数の組合わせが複素数で，$1+2i$ のように表す．実数も虚数も複素数の中に含まれる．

```
                              ┌─ 正の整数（自然数）
                    ┌─ 整数 ─┼─ 0
         ┌─ 有理数 ─┤         └─ 負の整数
実数 ─────┤         └─ 整数でない分数
複素数 ───┤
         └─ 無理数
  └─ 虚数
```

例題 1 つぎの数を，自然数，整数，有理数，無理数，実数に分類してみよう．

$$0 \quad 3.14 \quad \pi-1 \quad \frac{3}{4}$$

〔答：自然数はなし；整数は 0；有理数は 0 と 3.14 と $\frac{3}{4}$，無理数は $\pi-1$，実数はすべて〕

4・2 等号 ＝ の意味と使い方

左の台形の面積を表す式は

$$\frac{4(x+7)}{2} = 24$$

であり，その解は $x=5$ である．このように，ある x（実際は $x=5$）について両辺の数が等しい式を**方程式**といい，数や式が等しいことを**等号**＝で表す．また，この式の左辺を展開した $2(x+7)=2x+14$ や，$x^2-1=(x+1)(x-1)$ のような式を**恒等式**といい，このときの＝は x にどのような数を代入しても成り立つ．$y=2x+3$ や $y=x^2$ などは特定の x と y の組について成り立つ条件式なので，これも**方程式**という．

一般に，等号 ＝ の扱いは，数や恒等式と方程式で異なる．数の場合たとえば，$(1+2)\times 4$ を計算するのに，$1+2=3\times 4=12$ のように書くと，最初の等号 ＝ は成り立たないので誤りとなる．これは $(1+2)\times 4=3\times 4=12$ と書く．恒等式の場合は，つぎの因数分解のように，式を ＝ でつないでいくことができる．

$$x^4-1 = (x^2-1)(x^2+1) = (x-1)(x+1)(x^2+1)$$

一方，方程式は条件式だから，つぎのように両辺を同時に変形していくのが正しい．

$$-2x+3y+6=0$$
$$3y=2x-6$$
$$y=\frac{2}{3}x-2$$

恒等式：式中の文字にどのような数を代入しても成り立つ等式．

方程式：式中の文字に特定の数を代入したときだけ成り立つ等式を，それらの文字に関する方程式という．

例題 2 つぎの式を正しく書き直しなさい．
(1) $2+3-0.1$ を求めるのに，$2+3=5-0.1$ と書いた →
$2+3-0.1=\Box-0.1=\Box$
(2) 関数 $2x-y=3$ を $y=$ の式に直すのに，$2x-y=3-2x$ と書いた →
$2x-y=3$, $-y=\Box$, $y=\Box$

〔答：順に，(1) 5, 4.9；(2) $3-2x$, $2x-3$〕

4・3 不等号 $>, \geqq, <, \leqq$ の意味と使い方

数の大小関係は不等号を使うことで非常に簡潔に表すことができる．不等式は方程式と同じように条件式であるから，その意味をきちんと理解して表現する必要がある．

以上，以下，未満，～でない，などの言葉はつぎのように不等式で表す．

- 数 a は負である $\Leftrightarrow$ $a < 0$ （負であることは，0 より小さいことと同じ）
- 数 a は 0 以上である $\Leftrightarrow$ $a \geqq 0$ （0 以上は，0 または 0 より大きいことと同じ）
- 数 a は 0 より大きい $\Leftrightarrow$ $a > 0$
- 数 a は 0 未満である $\Leftrightarrow$ $a < 0$ （0 未満は，0 より小さいことと同じ）

$\Leftrightarrow$ は，その両辺の記述が同値であることを意味する．

例題 3 つぎの数を不等式で表しなさい．
(1) a は正の数である；   (2) a は -2 未満である；
(3) a は 3 より大きい．

〔答：(1) $a>0$; (2) $a<-2$; (3) $a>3$〕

"かつ"，"または"，"でない"を組合わせたつぎのような言い方があり，これらも不等号を使って単純な式に表せる．不等式は数直線上の領域で表すこともできる．

- x は 3 以上（かつ）4 未満である $\Leftrightarrow$ $3 \leqq x < 4$

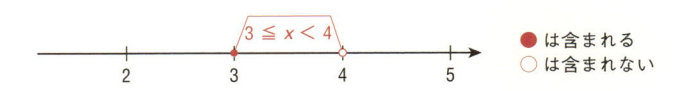

● は含まれる
○ は含まれない

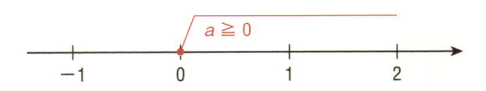

絶対値：$|-5|$ のように数値の両側に | が付いたものが絶対値である．$|a|$ は，a が 0 以上であるときは a そのまま，a が負のときには -1 を掛けて $-a$ とすればよい．$|-5|=|5|=5$．$\sqrt{3^2}$ は 3 になるが $\sqrt{(-3)^2}$ も 3 になるから，$\sqrt{(-3)^2}=|-3|$ が成り立つ．等式 $\sqrt{a^2}=a$ は $a \geqq 0$ のときだけ成り立つ．特に，$a<0$ のときは等式 $\sqrt{a^2}=-a$ が成り立つから，等式 $\sqrt{a^2}=|a|$ は任意の実数 a についてつねに正しい．

- y は 2 より小さいか，または 3 よりも大きい $\Leftrightarrow$ $y < 2, y > 3$

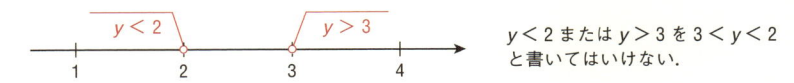

$y<2$ または $y>3$ を $3<y<2$ と書いてはいけない．

- a は負でない $\Leftrightarrow$ $a \geqq 0$

例題 4 つぎの数 x, y を，不等号を使って表しなさい．
(1) x は $a-3$ 以上 2 未満である；
(2) y は -1 より小さいか，または 1 より大きい．

〔答：(1) $a-3 \leqq x<2$; (2) $y<-1, 1<y$〕

4・4 分数の足し算・引き算

分数* $\frac{5}{3}$ は $\frac{10}{6}$, $\frac{15}{9}$ などとも表せる．$\frac{1}{2}$ も同様に $\frac{2}{4}$, $\frac{3}{6}$ などとも表せる．$\frac{5}{3}$, $\frac{1}{2}$ を **既約分数**（これ以上約分できない分数）という．

分数の足し算や引き算の場合，分母を一致させてから行う．これを **通分** という．通分した式の分子を計算する．

足し算 $\dfrac{5}{3}+\dfrac{1}{2}=\dfrac{10}{6}+\dfrac{3}{6}=\dfrac{13}{6}$ 引き算 $\dfrac{5}{3}-\dfrac{1}{2}=\dfrac{10}{6}-\dfrac{3}{6}=\dfrac{7}{6}$

文字が入った分数式についても，つぎのように通分して求める．

$$\dfrac{3}{2}+\dfrac{1}{a}=\dfrac{3a}{2a}+\dfrac{2}{2a}=\dfrac{3a+2}{2a}$$

* 分数 $\frac{5}{3}$ は，比 $5:3$ の値を表す．同様に $\frac{1}{2}$ は比 $1:2$ の値を表す．約分可能な分数のことを可約分数という．

つぎのように分母同士，分子同士を加えてはいけない．

$$\frac{3}{2}+\frac{1}{a}=\frac{3+1}{2+a}=\frac{4}{a+2} \quad (誤り)$$

例題 5 通分することにより $\frac{5}{3}-\frac{1}{a}$ を求めなさい．

〔答：$\frac{5a-3}{3a}$〕

練習問題

1. つぎの式を簡単にしなさい．ただし $a \neq 0$ とする．

(1) $\frac{3}{2} \times \frac{2}{3}$;　(2) $\frac{3}{2} \div \frac{2}{3}$;　(3) $\frac{9}{8} \times \frac{7}{12}$;

(4) $\frac{9}{8} \div \frac{7}{12}$;　(5) $\frac{a}{2} \times \frac{1}{3}$;　(6) $\frac{2}{a} \div \frac{1}{3}$

2. つぎの式を簡単にしなさい．

(1) $\frac{3}{2}+\frac{2}{3}$;　(2) $\frac{3}{2}-\frac{2}{3}$;　(3) $\frac{9}{8}+\frac{7}{12}$;　(4) $\frac{9}{8}-\frac{7}{12}$;　(5) $\frac{a}{2}-\frac{1}{3}$

3. つぎの式を簡単にしなさい．ただし $a \neq 0$ とする．

(1) $\frac{a+1}{2}-\frac{1}{3}$;　(2) $\frac{2}{a}-\frac{1}{3}$;　(3) $\frac{1}{2}+\frac{1}{a-1}$;

(4) $\frac{1}{a}+\frac{2}{a-1}$;　(5) $\frac{1}{a^2-1}-\frac{1}{(a-1)^2}$

4. つぎの式を簡単にしなさい．

(1) $\frac{1}{\sqrt{3}}$;　(2) $\frac{2}{\sqrt{3}}-\sqrt{3}$;　(3) $\frac{2}{\sqrt{3}+1}$;　(4) $\frac{\sqrt{2}+1}{\sqrt{2}-1}$

II 種々の関数とグラフ

第5章 比例と反比例

到達目標 自然科学では時間と位置，温度と体積など多くの関係式が現れるが，その基本は比例の関係と反比例の関係である．ここでは，自然現象を比例や反比例の関係で表現し，数学的に考察することを目標にする．

薬学とのつながり くすりの効果は体の中に入ったくすりの濃度によって決まる．くすりの濃度は用いたくすりの質量に比例し，体の大きさや溶液の体積などに反比例する．そのほかにも，比例と反比例はいろいろな場面で登場する．

考えてみよう 1 L 中に 120 g の砂糖が溶けているとき，10 mL 中には □ g 溶けている． 〔答：1.2〕

5·1 比 例

水溶液 1 L（=1000 mL）中に 120 g の砂糖が溶けているとしよう．そこからとった水溶液 100 mL 中には砂糖が 12 g 溶けているだろう．また，200 mL 中には 24 g 溶けているだろう．このとき，次式が成り立つ．

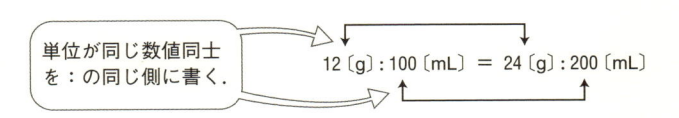

単位が同じ数値同士を：の同じ側に書く．

$$12\,[\text{g}] : 100\,[\text{mL}] = 24\,[\text{g}] : 200\,[\text{mL}]$$

このように，四つの数を"："でつないだ式を**比例式**という．比例式では外側の二つの値の積と内側の二つの値の積は等しい．

$$12 \times 200 = 24 \times 100$$

比例式は次式のように分数でも表すことができる．そして，その値 0.12 が**比例定数**である．

$$\frac{12}{100} = \frac{24}{200} = 0.12$$

比例関係により，この水溶液 300 mL 中には砂糖が 36 g，1 mL 中には 0.12 g 溶けていることがわかる．

変数 x, y を使い，上の水溶液 x mL 中に溶けている砂糖を y g とすれば次式が成り立つので，比例定数（この場合は 0.12）は，x が 1 のときの y の値であることがわかる．

$$x : y = 100 : 12$$
$$x : y = 1 : 0.12$$

一般に，二つの変数 x, y がつぎのように表されるとき，**y は x に比例する**という．

$$x : y = 1 : k \quad \text{または} \quad y = kx \quad (k \text{ は比例定数})$$

$y = kx$ の式を**比例の方程式**とよぶ．

例題 1 東京スカイツリーの近くにいる A 君が長さ 10.0 cm の鉛筆を鉛直に立てたとき，50 cm 離して見たところで鉛筆とスカイツリーとがちょうど重なった．スカイツリーの高さは 634 m である．A 君とスカイツリーの水平距離 x m について □ に数値を入れなさい．

$$x : □ = 634 : □ \text{ より } x = □$$

〔答：順に，0.5；0.1；3170〕

例題 2 時速 300 km で進む新幹線の t 時間後に進む距離 s km は t に比例する．次式と下の対応表の □ に数を入れなさい．

$$s = □ \cdot t$$

t/h	0.5	1.0	1.5	2.0	…
s/km	150	300	450	□	

〔答：順に，300，600〕

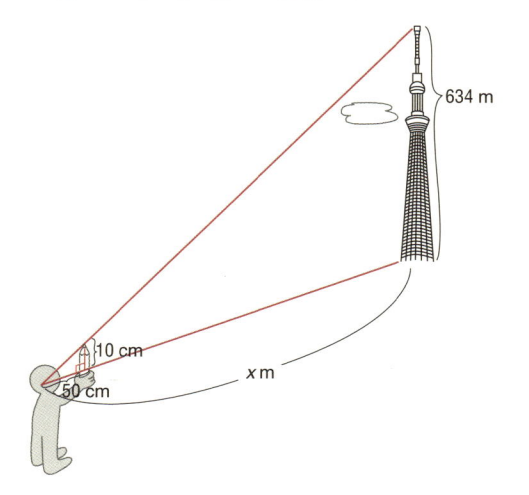

対応表：x と y の関係を表にしたものが **x–y 対応表** である．例題2の場合は，x の代わりに t が，y の代わりに s が使われている t–s 対応表になっている．

5・2 反比例

2.0 気圧（1 気圧は私たちが地上で受けている空気による圧力の大きさ，すなわち大気圧の値）で 1.0 L の気体がある．気体には，温度と気体の物質量が同じならその圧力 p が大きくなると体積 V は小さくなる性質があり，$pV=k$（k は定数）の関係が成り立つ（**ボイルの法則**）．たとえば，$k=2.0$ の場合，p–V 対応表は下のようになる．

p	…	0.5	1.0	2.0	2.5	4.0	…
V	…	4.0	2.0	1.0	0.8	0.5	…

一般に，0 でない二つの変量 x と y の積 xy が一定の値 k になるとき，次式で表され，x と y は**反比例**するという．

$$xy = k \text{ または } y = \frac{k}{x} \quad (k \text{ は比例定数})$$

上に示す二つの式を**反比例の方程式**とよぶ．この場合の定数 k は反比例を表す定数であるが，このkも比例定数という．上の気体の例では，次表のように $p \times V$ がすべて 2 になるから比例定数は $k=2.0$ となる．

p	…	0.5	1.0	2.0	2.5	4.0	…
$1/p$	…	2.0	1.0	0.5	0.4	0.25	…
V	…	4.0	2.0	1.0	0.8	0.5	…

また，上の表で p の代わりに $\frac{1}{p}$ を取れば，V は $\frac{1}{p}$ に比例していることがわかる（上の表で，$\frac{1}{p}$ と V の関係を右から左に見てみよう）．

一般に，x, y が反比例するとき，x の逆数 $\frac{1}{x}$ と y は比例する．

第 5 章 比例と反比例

例題 3 1000 m の道のりを，分速 x m で移動すると y 分かかるとき，次式と次表の □ に数値を入れなさい．

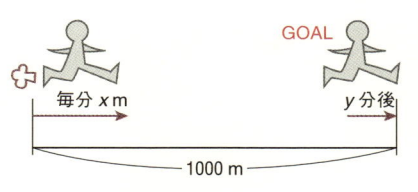

$xy = □$

$x/(\text{m min}^{-1})$	…	5.00	10.0	15.0	20.0	25.0	…
y/min	…	200	100	66.7	□	40.0	…

〔答：順に，1000；50.0〕

反応速度："速度＝進んだ距離÷時間"の考え方は，"速度＝変化した濃度÷時間"として，化学反応の時間変化を測定するときにも応用できる（☞ §25・4）．

図表の中の数値：無次元とする原則がある（次元については ☞ 第 30 章）ので，x/mL や $x/(\text{m min}^{-1})$ のように，x, y などの物理量の記号を単位で割って示す．

例題 4 面積が 20 m² で一定な長方形があり，縦を x m，横を y m とするとき，次式と次表の □ に数値を入れなさい．

$xy = □$ $y = \dfrac{□}{x}$

縦 x/m	…	1.0	2.0	4.0	5.0	10	…
横 y/m	…	□	□	5.0	□	2.0	…

〔答：順に，20；20；20；10；4.0〕

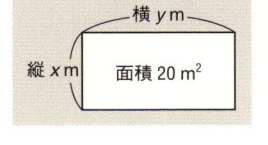

5・3 数学的な表し方

比例・反比例の具体的な問題では，まず変数を決めて $y = kx$，$xy = k$ のように表し，比例定数を求める．これは，数学を現実の問題に活用するときの基本的なパターンである．

1 気圧（atm）は 1013 ヘクトパスカル（hPa）であり，760 mm の高さの水銀が押す圧力（mmHg と表す）に等しい．x atm が y hPa に相当するとき比例定数は 1013，x atm が z mmHg に相当するとき比例定数は 760 になる．x, y の方程式，x, z の方程式は次式のようになる．単位の換算（☞ 第 31 章）には比例式が活用される．

$$y = 1013\, x \quad (x:y = 1:1013 \text{ より})$$
$$z = 760\, x \quad (x:z = 1:760 \text{ より})$$

上の式を使えば $x = 1.400$ atm のとき $y = 1418$ hPa，$z = 1064$ mmHg となる．このように，式が表現できれば，数値を x に代入して y や z の値が求められる．

ヘクト h：$10^2 = 100$ を表す SI 接頭語で，1 atm ＝ 1013 hPa ＝ 1.013×10^5 Pa．以前はバール（bar）という単位を使い，10^5 Pa ＝ 1 bar としていたが，Pa の使用が推奨されている．

例題 5 血圧は mmHg で表される．血圧 x mmHg のとき y atm として，つぎの □ に数値を入れなさい．

$y = \dfrac{1}{□} x$，血圧 130 mmHg は □ atm，76 mmHg は □ atm

〔答：順に，760；0.171；0.10〕

練習問題

1. つぎの □ に正しい数値を入れなさい．
(1) $x:y = 2:3 = 6:□$；比例定数は □

(2) $x:y = -5:-4 = 20:\square$；比例定数は $\square$
(3) $xy = 1 \times 12 = \square \times 2$；比例定数は $\square$
(4) $xy = 2 \times 30 = 15 \times \square$；比例定数は $\square$

* ☞ p. 49 欄外.

2． 度（°）で表した角度 x とそれをラジアン（rad）で表した弧度*y は比例関係にある．次式と次表の □ に数を入れなさい．

$$y = \square x \ (\square \text{ は比例定数})$$

x/°	0	90	180	270	360
y/rad	□	$\frac{1}{2}\pi$	□	□	□

発展 濃度計算

薬学では濃度の計算に慣れておく必要がある．そのためには

"何と何が比例するか" や "何と何が反比例するか"

を知っている必要がある．1 種類の分子から成る物質の質量 w g は物質量 n mol に比例し，その比例定数が分子量（あるいはモル質量 M g mol^{-1}）であるから，

$$w = nM$$

一方，濃度 c mol L^{-1} は物質量 n mol に比例し，体積 V L に反比例するから，

$$n = cV$$

また，分子の数 N は物質量 n mol に比例する（比例定数はアボガドロ定数 N_A mol^{-1}）．

$$N = nN_A$$

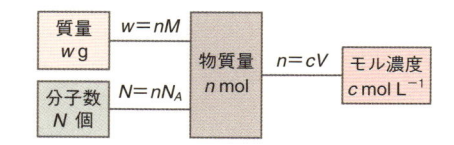

```
┌──────┐           ┌──────┐
│ 質量  │ w=nM      │物質量│ n=cV  ┌─────────┐
│ w g  │───────────│n mol │───────│モル濃度   │
└──────┘           │      │       │c mol L⁻¹│
┌──────┐ N=nN_A    │      │       └─────────┘
│分子数 │───────────│      │
│ N 個 │           │      │
└──────┘           └──────┘
```

この三つの関係を使うつぎの問題をやってみよう．

発展問題 1 モル質量 180.2 g mol^{-1} の物体 A が 5.4 g あるとき，以下の量を求めなさい．なお，アボガドロ定数は $N_A = 6.022 \times 10^{23}$ mol^{-1} とする．

(1) 物質量 n mol
(2) n mol の物体 A に含まれる分子数 N 個
(3) 5.4 g の物体 A が体積 1.00 L の溶液中にある場合のモル濃度 c_1 mol L^{-1}
(4) 5.4 g の物体 A が体積 10 mL の溶液中にある場合のモル濃度 c_2 mol L^{-1}

発展問題 2 発展問題 1 の (4) の溶液から (3) の溶液を調製する方法を考えなさい．

第6章 関数とそのグラフ

到達目標 関数は，ある数量が変化する際にそれに対応して変化する別の数量を調べるときに必要となる考え方である．関数は，言葉や方程式，対応表，グラフなどで表すことができる．方程式やグラフの簡潔性，有用性を認識してそれらを活用できるようにするとともに，過去や将来の予測には関数が必要なことを理解しよう．

薬学とのつながり 薬学を学んでいくとき，たくさんの方程式やグラフが登場する．それらの意味を読みとることは薬学の理解につながる．薬学では，グラフからいろいろな値を読みとる能力も求められる．

考えてみよう 一次関数 $y=2x+1$ について，$x=1$ のとき $y=□$，そのグラフは点 $(0,□)$ を通り，傾き $□$ の直線になる．

〔答：順に，3；1；2〕

6・1 関 数

§5・1で考えたように，120 g の砂糖が溶けている 1 L の水溶液について，水溶液 x mL 中に砂糖が y g 含まれるとおくと，比例式では $x:y=1000:120=100:12$，または $x:y=200:24$ などと表すことができた．また，この関係は比例の方程式を使い $y=0.12x$ のように表すこともできた．$y=0.12x$ は，x の値を定めると y の値がただ一つ求まる．このような関係にあるものを，**y は x の関数である**，といい，x が **独立変数**，y が **従属変数** となる．関数で，x の取りうる値の範囲を **変域** または **定義域**，y の取りうる値の範囲を **値域** という．

6・2 比例のグラフ

関数 $y=0.12x$ に，いろいろな x の値を代入し，y の値を求め，それを横軸に x，縦軸に y をとった x-y 座標にプロットすると右図のようになる．これが関数 $y=0.12x$ を表す **グラフ** である．

一般に，変数 x,y があり y が x に比例するとき，**比例定数** を k とすれば $y=kx$ となり，その **グラフは原点を通る直線** になる．

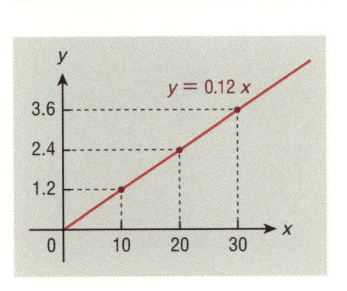

例題 1 正方形の辺の長さが x cm のとき斜辺の長さは y cm になった．x, y の比例式，比例方程式はどうなるか．つぎの □ に数値を入れなさい．

比例式 $x:y=1:□$ 方程式 $y=□x$

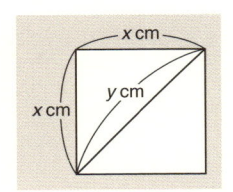

〔答：順に，$\sqrt{2}$；$\sqrt{2}$〕

6·3 反比例のグラフ

§5·2のボイルの法則で $pV=2$ は $V=\dfrac{2}{p}$（$p>0$ のとき）と表すことができ，V は p の関数になっている．横軸に p，縦軸に V をとり p と V の関係をグラフにすると右図のようになる．

このグラフは，p が大きくなると V の値は 0 に近づく．この $V=0$ の直線（この場合は x 軸そのもの）が漸近線である．

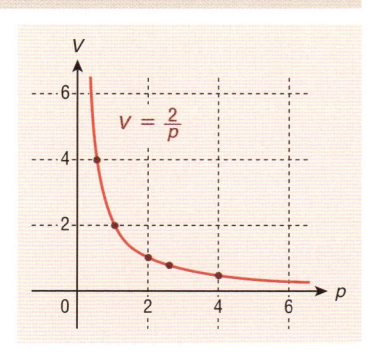

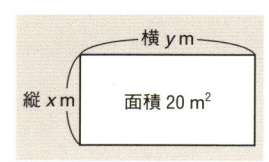

例題 2 面積が $20\,\text{m}^2$ の長方形の縦が x m，横が y m のとき，つぎの □ に数値を入れなさい．

$$y=\dfrac{\Box}{x}\ (\Box < x), \qquad \text{漸近線は}\ \ x=\Box,\ y=\Box$$

〔答：順に，20；0；0；0〕

6·4 関数 $f(x)$ の表し方

$f(x)$：関数は英語で function というので，その頭文字 f が，関数を表す記号となっている．( ) 中の x は，変数 x についての関数であることを示している．

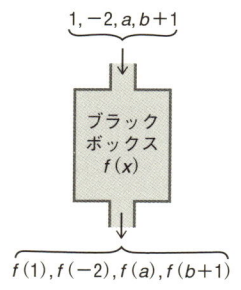

$1, -2, a, b+1$
↓
ブラックボックス $f(x)$
↓
$f(1), f(-2), f(a), f(b+1)$

関数を表すとき，$y=0.12x$ のように表すほかに，$y=f(x)$，$f(x)=0.12x$ という表し方もする．単に $f(x)$ と表すこともある．関数を $f(x)$ としたとき，$x=100$ を $f(x)$ に代入した値を $f(100)$ で表す．$f(x)=0.12x$ のときは $0.12\times 100=12$ だから $f(100)=12$ となる．同様に，$f(a)$ は $0.12a$，$f(a)+1$ は $0.12a+1$，$f(a+1)$ は $0.12(a+1)$ になる．後者の二つの結果が異なることに注意しよう．これらは，箱に 1 や a などを入れ $f(1)$ や $f(a)$ を出す手順でイメージされる．$f(x)$ を使うと，こうした式変形を簡潔に表現できる．薬学でも $f(x)$ で関数を考えることが多いので，式の読み方と使い方に慣れておくことが大切である．

例題 3 つぎの □ に当てはまる数値は何だろうか．
(1) $f(x)=3x$ で $f(1)=\Box$
(2) $f(x)=\dfrac{2}{x}$ で $f(2)=\Box$
(3) $f(x)=0.5x^2$ で $f(3)=\Box$
(4) $f(x)=|x-2|$ で $f(4)=\Box$

〔答：(1) 3；(2) 1；(3) 4.5；(4) 2〕

練習問題

1. 変数 y が変数 x に比例または反比例し，$x=2.5$ のとき $y=2.0$ になるとき，つぎの □ に数または式を入れなさい．
(1) 比例するとき，関数 $y=\Box x$，$f(x)=\Box$
(2) 反比例するとき，関数 $y=\dfrac{\Box}{x}$，$f(x)=\Box$

2. $f(x)=2x$ のとき，文字 a を用いてつぎの式を表しなさい．

$f(a+1),\quad f(a)+1,\quad 3f(a),\quad f(3a),\quad 3f(a)+1,\quad f(3a+1)$

発展 反比例のグラフの補足

§6・3で紹介した反比例のグラフは x 軸（p）の範囲が p>0 であった．このように，薬学で出会う測定値の場合，x 軸の値として負の数を考えることはまれではあるが，数学的には考えておく必要がある．その際に反比例のグラフがどうなるかを，見てみよう．

x-y 座標平面上の x と y の値がともに正になる領域のことを**第一象限**という．ここから反時計回りに**第二象限**（x が負，y が正），**第三象限**（x, y がともに負），**第四象限**（x が正，y が負）となる．

方程式 $y=\dfrac{2}{x}$ のグラフは，下図左のように第一象限，第三象限を通る．同様に，$y=-\dfrac{2}{x}$ のグラフは下図右のように第二象限，第四象限を通る．

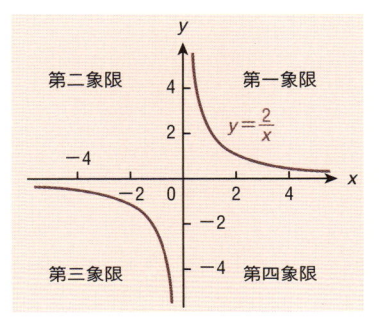

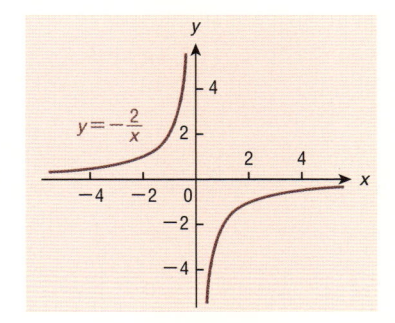

比例定数が k である反比例の方程式 $y=\dfrac{k}{x}$ は，k が正（たとえば k=3），k が負（たとえば k=−3）のどちらの場合でも，x が大きくなると y は 0 に近づく．しかし，x が非常に大きくなっても，決して 0 にはならない．そして，この場合の y=0，つまり x 軸が**漸近線**である．同様に y が大きくなると x は 0 に近づくから x=0，つまり y 軸も漸近線になる．一般に，

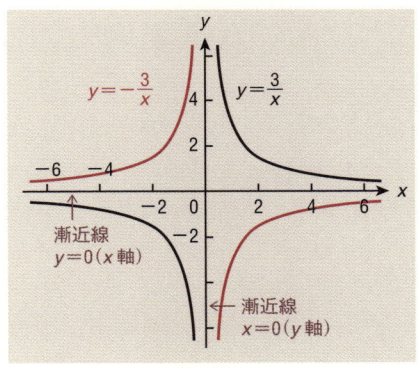

関数の形：　$y = \dfrac{k}{x+a} + b$

のとき

漸近線：　$x = -a, \; y = b$

となる．

第7章 一次関数とそのグラフ

到達目標　一次関数は方程式 $y=ax+b$ で表され，そのグラフが直線になる関数である．一次関数の意味を正確に理解し，方程式やグラフを使ってうまく処理できるようにしよう．

薬学とのつながり　薬学を学んでいくときに出会う関数は，逆数や対数をとるなどの変形を行った結果一次関数になるものが多い．具体的な場面から一次関数をつくるには，(x, y) の組を二組選べばよいことを覚えておこう．

考えてみよう　そのグラフが点 $(0, 1)$，$(2, 7)$ を通る一次関数の方程式は $y=\Box x+\Box$ になる．

〔答：順に，3；1〕

7・1 一次関数

n 次式：x の関数 $f(x)$ が $f(x)=ax^n+bx^{n-1}+\cdots cx^1+d$ $(a \neq 0)$ で表されるとき，関数 $f(x)$ は x の **n 次式** とよばれ，$f(x)$ の次数は **n 次**である，という．

y が x の関数で $y=ax+b$ （a, b は定数）のように，x の一次式で表されるとき，y は x の **一次関数** という．一次関数 $y=ax+b$ は，x に比例する量 ax と一定の量 b の和とみることができる．

一次関数は，方程式 $y=ax+b$ だけでなく，x-y 対応表，グラフなどでも表される．これら三つの表現をうまく使い分け，慣れておけば，自然現象などを深く理解する手助けになる．

$y=ax+b$ で $a=0.5$，$b=1$ の場合（$y=0.5x+1$），$(0, 1)$，$(-2, 0)$ を通るから，

$$\frac{\Delta y}{\Delta x} = \frac{1-0}{0-(-2)} = 0.5$$

Δ：変化量を表す．一般には，"変化後－変化前" である．

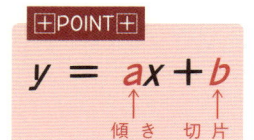

と求まる．これは定数 $a=0.5$ と同じ値になっており，a は直線の**傾き**となっている．一方 b は $x=0$ のときの値，すなわち y 軸との交点（$y=1$）と同じ値になっており，b のことを**切片**（正確には **y 切片**）という．

POINT

$$y = ax + b$$
　　傾き　切片

・方程式 $y=0.5x+1$

・x-y 対応表

x	-1	0	1	2	3	4	…
y	0.5	1.0	1.5	2.0	2.5	3.0	…
差：		0.5	0.5	0.5	0.5	0.5	

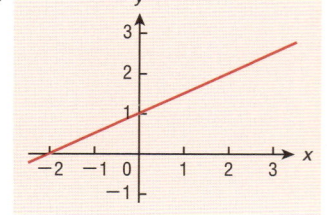

・グラフ

例題 1　一次関数 $y=1.5x+0.5$ の x-y 対応表とグラフについて，つぎの □ に数値を入れなさい．

・x-y 対応表

x	…	-1	0	1	2	3	4	…
y	…	-1	□	2.0	3.5	□	6.5	…

・グラフ

〔答：順に，0.5；5；3.5〕

7・2 一次関数の適用

水銀の密度（質量/体積）と温度との関係は下の対応表のようになっている[*1].

温度〔℃〕	…	−20.0	0.0	20.0	40.0	60.0	80.0	…
密度〔g cm^{-3}〕	…	13.645	13.595	13.5459	13.4970	13.4483	13.3998	…
差：			−0.050	−0.049	−0.0489	−0.0487	−0.0485	

出典：国立天文台編，"理科年表(平成22年)，丸善株式会社(2009).

[*1] 水銀 Hg は，常温（日本薬局方では 15～25℃）で唯一，液体の状態にある金属である．日本薬局方では温度計は水銀温度計を用いると規定されているが，それは左の表やグラフのように密度と温度との間に直線的な関係があるからである．

この表で，温度を x，密度を y としたとき，x が 20℃ 上昇すると y は有効桁数を 4 桁とすればつねに約 0.05 減ることが見てとれる．したがって，y は x の一次関数になることがわかり，その傾きは $-0.05/20 = -0.0025$ になる．また，$x=0$ のとき $y \approx 13.6$ から切片は 13.6 になるから，その方程式は

$$y = -0.0025\, x + 13.6$$

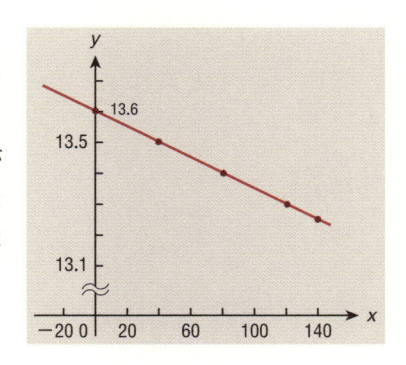

であり，そのグラフは右のようになる．

数値の組 x, y について，上の表のように，x が一定の値で増えたときに y の値が一定の値で増えるかあるいは減るとき，y は x の一次関数で表すことができる．その方程式は，傾きと 1 点の座標の値から，あるいは 2 点の座標の値から求めることができる[*2]．

[*2] 一次関数では，x と y は直線関係にある．"2 点を結ぶ直線はただ一つしかない"，という幾何の公理により，2 点の位置が決まればグラフが描ける．傾きの中には 2 点の相対的な位置関係が含まれているので，傾きと 1 点の位置が決まれば，同様にグラフが描ける．

例題 2 ある地点の地上からの気温は，1 km 上がるごとに 5.0℃ 下がるという．地上の気温が 20.0℃ のとき，x km 上空の気温 y ℃ を x の一次関数として求めるとき，つぎの □ に数値を入れなさい．

・x-y 対応表

x/km	0	1	2	3	4
y/℃	□	15.0	10.0	5.0	□

・方程式 $y = $ □ $x+$ □

〔答：順に，20.0；0；−5.0；20.0〕

7・3 直線と方程式

§7・2 では，一次関数の x-y 対応表から一次関数の方程式を求めグラフを描いた．§7・3 では，逆にグラフ（直線）から一次関数の方程式を定めてみよう．具体的には，一次関数は $y = ax+b$ なので，この a と b の値を定めることである．

a. 1 点と傾きがわかる場合 時刻 1.0 h のときの濃度が 9.0 mol L^{-1} である薬物が，化学反応によって 1 時間ごとに濃度が 1.5 mol L^{-1} ずつ減少するという．このとき，薬物濃度 y は時間 x でどのように表せるだろうか．このような問題は，1 点と傾き[*3] を考え，つぎの手順で方程式をつくって解決する．

[*3] 傾きは $\frac{\Delta y}{\Delta x}$ であるから，一定の x の変化ごとに変化する y の量に当たる．左の例の場合，1 時間（x の変化）ごとに濃度が 1.5 mol L^{-1} ずつ減少する（y の変化）から，

$$\frac{\Delta y}{\Delta x} = \frac{-1.5\ \text{mol L}^{-1}}{1\ \text{h}}$$
$$= -1.5\ \text{mol L}^{-1}\ \text{h}^{-1}$$

が傾きになる．

① 1.0 時間後の薬物濃度が 9.0 mol L^{-1} だから，点 (1, 9) を通る．
② 1 時間ごとに濃度が 1.5 mol L^{-1} ずつ減るから，傾きは -1.5 である．
③ 傾き -1.5 がつねに一定だから一次関数となる．その方程式を $y=-1.5x+b$ とおく．
④ 点 (1, 9) を通るから，$x=1.0$, $y=9.0$ を代入し $9.0=-1.5\times1+b$，これを解いて $b=10.5$．
⑤ $y=-1.5x+b$ に代入し，$y=-1.5x+10.5$

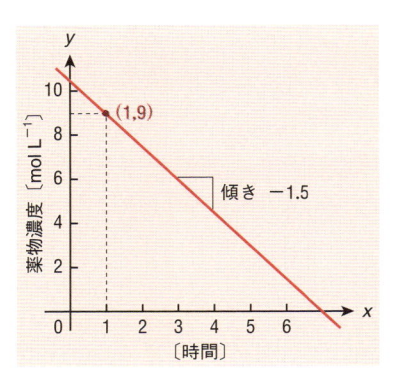

例題 3 つぎの直線の方程式について，□ に当てはまる数値を入れなさい．
(1) 点 (1, 2) を通り，傾き 3 の直線の方程式は $y=\square x+\square$
(2) 点 $(-3, 7)$ を通り，傾き -2 の直線の方程式は $y=\square x+\square$

〔答：(1) 順に，3, -1；(2) 順に，-2, 1〕

b. 2 点を通る直線 温度の単位には摂氏（℃, セルシウス度）と華氏（°F）があり*，0.0 ℃ のとき 32 °F, 50 ℃ のとき 122 °F になり，x ℃ のとき y °F とすれば，y は x の一次関数になる．y は x のどんな式になるだろうか．

一次関数のグラフは直線になるから，その傾きを求める．$x=0$ のとき $y=32$, $x=50$ のとき $y=122$ だから，傾き a はつぎの値になる．

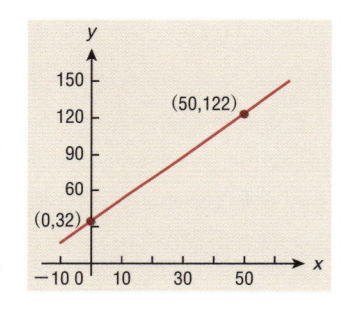

$$a = \frac{\Delta y}{\Delta x} = \frac{122-32}{50-0} = 1.8$$

点 (0, 32) を通るから，$y=ax+b$ に $a=1.8$, $x=0$, $y=32$ を代入して $32=1.8\times0+b$ より，$b=32$．求める方程式は

$$y = 1.8x + 32$$

* 日本を含め，多くの国々はセルシウス（摂氏）温度目盛を使うが，米国では華氏温度目盛を使っている．℃ は SI 組立単位であるが，°F は SI 単位系に含まれない．

例題 4 つぎの直線の方程式について，□ に当てはまる数値を入れなさい．
(1) 2 点 $(1, -2)$, $(3, 4)$ を通る直線の方程式は $y=\square x+\square$
(2) 2 点 $(3, 7)$, $(7, -1)$ を通る直線の方程式は $y=\square x+\square$

〔答：(1) 順に，3, -5；(2) 順に，-2, 13〕

練習問題

1. ある医薬品の水溶液があり，最初の濃度 x によって濃度の減少速度が異なるが，濃度が半分になる時間（半減期）y が初濃度 x の一次関数で表されるという．初濃度 x が 30, 45, 60 mg mL^{-1} のときに，半減期 y がそれぞれ 25, 35, 45 h になったとき，y を x の式で表しなさい．

第8章 線形回帰

到達目標　一次関数の方程式 $y=ax+b$ は，二つの定数（傾き a と y 切片 b）で特徴をとらえることができる．誤差を含んだ測定値を統計的にとらえて一次関数の二つの定数 a, b を決定する方法を身につけよう．

薬学とのつながり　薬学では，実験値や検査値を適切な一次関数に当てはめて二つの定数 a, b を決定する場面が多い．多くの計測値から，平均値や平方和などの統計値を使って一次関数を決める手法を理解することで，測定値の傾向を知るだけでなく統計的な予測をするなど，薬学への洞察が著しく深まる．

考えてみよう　二組の数値の組 A {1, 2, 2, 3} と B {1, 1, 3, 3} の平均値はいずれも □ であり，それぞれの数値と平均値との差（残差）の和は A も B も同じ □ であるが，残差を 2 乗した和（残差の平方和）は A で □，B で □ である．

〔答：順に，2；0；2；4〕

8・1　関数値と測定誤差

§7・3 で，一次関数の方程式を決定するためには傾きと 1 点，あるいは 2 点の値がわかればよいことを学んだ．しかし，実験や検査で求めた値には必ず誤差（☞ 第 2 章）が含まれている．一次関数になることがわかっている，あるいは一次関数として扱えそうな場合，どうやって一次関数の方程式を決定すればよいだろうか[*1]．

ある薬物の濃度 y 〔mg mL^{-1}〕が，初濃度 10 mg mL^{-1} から，一定の（過酷な）条件下で分解し，時間 x〔h〕後に $y=-1.11x+10.00$ となることが知られていたとしよう[*2]．一方，実験からは以下の結果が得られ，関数 $y=-1.11x+10.00$ との間には微妙な違いがある．たとえば，実験 2 では，2.10 時間の値が 7.82 mg mL^{-1} であり，$y=-1.11x+10.00$ に $x=2.10$ を代入した理論値との誤差は $d_2=|7.67-7.82|=0.15$〔mg mL^{-1}〕である．

[*1] それまで正しいと信じられていた関数（式）が，実際に測定してみると微妙に違っていた，ということが科学の世界ではありうることであり，"アインシュタインの相対性理論" のように科学革命につながることもある．

[*2] 薬物の分解過程（すなわち残存量）が時間の一次関数になる例は，実際にはほとんどない．

実験 i	1	2	3	4	5	6
x_i/h	0.00	2.10	3.20	4.00	6.50	9.00
$y_{i,\text{実測値}}$/mg mL^{-1}	10.00	7.82	6.68	5.46	2.94	0.06
$y_{i,\text{理論値}}$/mg mL^{-1}	10.00	7.67	6.45	5.56	2.79	0.01
$d_i{}^\dagger$/mg mL^{-1}	0.00	0.15	0.23	0.10	0.15	0.05

† $d_i=|y_{i,\text{実測値}}-y_{i,\text{理論値}}|$ mg mL^{-1}．

8・2 最小二乗法

§8・1で，実測値と理論的な式から得られる値の間には微妙な差があることがわかった．これをグラフで表してみる．

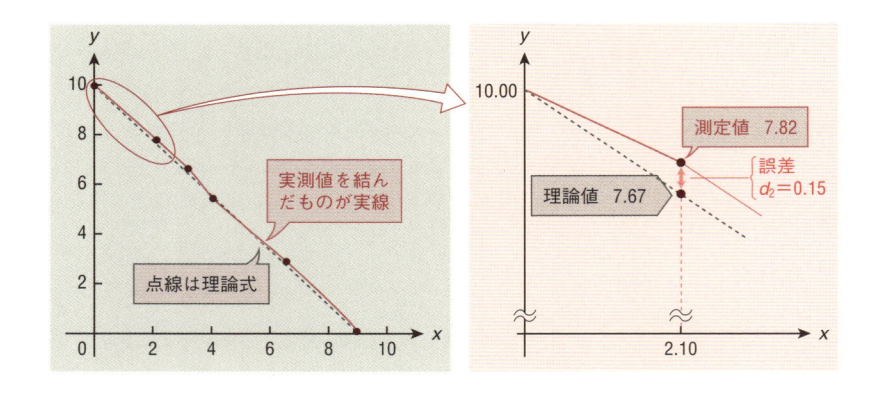

最小二乗法 method of least squares：最小自乗法とも書く．ニジョウ，ジジョウと読む．最小二乗法は 1800 年初めにガウス (Gauss, C. F., 1777〜1855) が開発したデータ縮約の基本的な方法である．§8・2, 8・3 で示したのは，一次関数に当てはめる線形最小二乗法である．分数関数や指数関数を含む複雑な式に当てはめるときには，非線形最小二乗法を使う．考え方の基本は線形最小二乗法と同じである．

実測値を結んだ線は点線（理論式）に沿い，x と y の間には，理論式通りの直線関係があることがわかる．そこで実際の測定値を表す一次関数を求めて，それが理論式通りであるかどうかを確認しよう．p.27 の表の 6 組の測定値 $(x_1, y_1), \cdots, (x_6, y_6)$ をもとに以下の計算手順を行い，"最も近い"一次関数 $y = ax + b$ を求める．この方法が**最小二乗法**で，求めた直線を**回帰直線**という．考え方を次節に示す．

8・3 回帰直線の求め方

① 回帰直線を $y = ax + b$ とおく．(a, b は未知数)
② 残差を $d_i = |ax_i + b - y_i|$ とする．($i = 1, 2, \cdots, 6$)
③ 残差の平方和を $d = d_1^2 + d_2^2 + \cdots + d_6^2$ とおく．
④ 残差の平方和 d が最小値をとる a, b を求める[*1]．

$$d = (ax_1 + b - y_1)^2 + (ax_2 + b - y_2)^2 + \cdots + (ax_6 + b - y_6)^2$$
$$= (x_1^2 + \cdots + x_6^2)a^2 + 2(x_1 + \cdots + x_6)ab + 6b^2 - 2(x_1y_1 + \cdots + x_6y_6)a$$
$$- 2(y_1 + \cdots + y_6)b + (y_1^2 + \cdots + y_6^2)$$

*1 残差の和 $d = |d_1| + |d_2| + \cdots + |d_n|$ を最小にする a, b を求めたいが，絶対値つきの関数になって分析が難しい．そこで，残差の平方和 $d = (d_1)^2 + (d_2)^2 + \cdots + (d_n)^2$ を最小にする．残差の平方和
$$d = \sum (ax_i + b - y_i)^2$$
を a, b で偏微分（☞第 23 章）し，
$$2\sum x_i(ax_i + b - y_i) = 0$$
$$2\sum (ax_i + b - y_i) = 0$$
を，a, b を未知数とする連立方程式とみて解くこともできる．

ここで，測定値の和，平方和，積の和を求める．

$x_1 + \cdots + x_6 = 24.80$ $y_1 + \cdots + y_6 = 32.96$ （測定値の和）
$x_1^2 + \cdots + x_6^2 = 153.9$ $y_1^2 + \cdots + y_6^2 = 244.23$ （測定値の平方和）
$x_1 y_1 + \cdots + x_6 y_6 = 79.29$ （測定値の積の和）

残差の平方和 d はつぎのように a, b の二次式で表される[*2]．

*2 d の式の 2 行目の係数は丸め誤差により，おおよそ小数点以下第 2 位より小さい値が変わることもある．

$$d = 153.9a^2 + 49.60ab + 6b^2 - 158.6a - 65.92b + 244.23$$
$$= 153.9(a + 0.1611b - 0.5152)^2 + 2.004(b - 10.07)^2 + 0.073\,27$$

d が最小値をとるのは $b-10.07=0, a+0.1611b-0.5152=0$ のときだから，$b=10.07$, $a=-1.11$ となり，回帰直線は $y=-1.11x+10.1$ になる．この式を，もとの理論式 $y=-1.11x+10.00$ と比べると，定数項が 0.1 異なるだけで基本的な違いはないことがわかる．

回帰直線は，現在では Excel® に代表される表計算ソフトなどで簡単に求めることができる．しかし，最小二乗法を理解するためには，一度は手計算で行ってみよう．

手計算で行う場合，表をつくる方法が便利である[*1]．

① 測定値 (x_i, y_i) を縦に並べる（表の太文字）．
② つぎの 2 列で x の平方和，y の平方和，最後の列で積 $x_i y_i$ の和を計算する[*2]．
③ 計の行に合計を計算して入れる．
④ 回帰直線 $y=ax+b$ の a, b は下のように計算することができる．

[*1] p. 28 の d が最小値をとる a, b を見つけるための実用的な方法が，表を使う方法と p. 30 の発展で示した統計値を使う方法である．

[*2] 左表の x_i^2, y_i^2, $x_i y_i$ の計算結果は，小数点以下第 3 位を四捨五入している．

i	x_i	y_i	x_i^2	y_i^2	$x_i y_i$
1	**0.00**	**10.00**	0.00	100.00	0.00
2	**2.10**	**7.82**	4.41	61.15	16.42
3	**3.20**	**6.68**	10.24	44.62	21.38
4	**4.00**	**5.46**	16.00	29.81	21.84
5	**6.50**	**2.94**	42.25	8.64	19.11
6	**9.00**	**0.06**	81.00	0.00	0.54
計	24.80	32.96	153.90	244.22	79.29
	和 (A)	和 (B)	平方和 (C)	平方和 (D)	積 和 (E)

$$a = \frac{n \times E - A \times B}{n \times C - A^2} = \frac{6 \times 79.29 - 24.80 \times 32.96}{6 \times 153.90 - 24.80^2} = -1.108$$

$$b = \frac{C \times B - A \times E}{n \times C - A^2} = \frac{153.90 \times 32.96 - 24.80 \times 79.29}{6 \times 153.90 - 24.80^2} = 10.07$$

ただし，n はデータの数（この場合は $n=6$）

よって $y=-1.11x+10.1$ が得られた．

例題 1
(1) x^2-2x+1 は x がどんな値のときに最も小さくなるだろうか．
(2) $(x-1)^2+(x-3)^2$ は，x がどんな値のときに最も小さくなるだろうか．

〔答：(1) $x=1$；(2) $x=2$〕

練習問題

1. ある薬品の水溶液があり時間とともに濃度が減少する．水溶液をつくったときの濃度（初濃度）x_i mg mL^{-1} と半減期（濃度が半分になるのに要する時間）y_i h が次表で表されるとき，表を作成する方法で回帰直線 $y=ax+b$ を求めなさい．

初濃度 x_i/mg mL^{-1}	1.00	2.00	3.00	5.50	8.50
半減期 y_i/h	8.00	7.50	5.50	4.00	3.00

発展 統計値による回帰直線の表現

回帰直線 $y=ax+b$ は平均値，分散，標準偏差，共分散という統計値を使っても求められる（☞ 第 27 章）．ここではその方法を示しておこう．p.27 で扱ったデータ x_i, y_i について統計値を求める．

データ x_i: 0.00, 2.10, 3.20, 4.00, 6.50, 9.00

平均値：$\bar{x} = (0.00 + 2.10 + 3.20 + 4.00 + 6.50 + 9.00) \div 6$
$= 24.80 \div 6 = 4.13$

分散：$v_x = \{(0.00-\bar{x})^2 + (2.10-\bar{x})^2 + (3.20-\bar{x})^2$
$+ (4.00-\bar{x})^2 + (6.50-\bar{x})^2 + (9.00-\bar{x})^2\} \div 6 = 8.57$

標準偏差：$s_x = \sqrt{v_x} = \sqrt{8.57} = 2.93$

データ y_i: 10.00, 7.82, 6.68, 5.46, 2.94, 0.06

平均値：$\bar{y} = (10.00 + 7.82 + 6.68 + 5.46 + 2.94 + 0.06) \div 6$
$= 32.96 \div 6 = 5.49$

分散：$v_y = \{(10.00-\bar{y})^2 + (7.82-\bar{y})^2 + (6.68-\bar{y})^2$
$+ (5.46-\bar{y})^2 + (2.94-\bar{y})^2 + (0.06-\bar{y})^2\} \div 6 = 10.53$

標準偏差：$s_y = \sqrt{v_y} = \sqrt{10.53} = 3.24$

データ x_i, y_i の共分散 S_{xy} は，つぎのようにして，積 $x_i \cdot y_i$ の和をデータの組数で割ったもの（$x_i \cdot y_i$ の平均値）から x_i および y_i の平均値の積を引いて求める*．

* 見返し 7 の式を展開し整理するとこの求め方になる．

共分散：$S_{xy} = (0.00 \times 10.00 + 2.10 \times 7.82 + 3.20 \times 6.68$
$+ 4.00 \times 5.46 + 6.50 \times 2.94 + 9.00 \times 0.06) \div 6 - \bar{x} \cdot \bar{y}$
$= 79.29 \div 6 - 4.13 \times 5.49 = -9.46$

このとき $y=ax+b$ の係数 a と定数項 b はつぎの値になる．

$a = \dfrac{S_{xy}}{v_x} = \dfrac{-9.46}{8.57} = -1.104 \qquad b = \bar{y} - a\bar{x} = 5.49 + 1.104 \times 4.13 = 10.05$

Excel® などの表計算ソフトウェアや一部の関数電卓は，この方法で回帰直線を瞬時に求めている．Excel® では，x と y の値を入力し，グラフ（散布図）を描かせ，そのグラフに近似曲線（線形近似）を施すことで回帰直線が得られる．

発展問題 1

4 人の英語と数学の成績（5 点満点）について，平均値，分散，共分散，回帰直線を求めなさい．□ に数を入れなさい．

i	1	2	3	4
英語 x_i	3	4	2	3
数学 y_i	4	4	3	5

平均値：$\bar{x} = \square, \bar{y} = \square$；　分散：$v_x = \square, v_y = \square$
共分散：$S_{xy} = \square$；　標準偏差：$s_x = s_y = \dfrac{1}{\sqrt{2}}$；　回帰直線：$y = \square x + \square$

第9章 べ き 乗

到達目標 　第1章や第3章で示したように，大きな数や小さな数を表したり有効数字を使うときには，10のべき乗（累乗）を使うことが多い．10以外のべき乗を含む一般的なべき乗の意味をよく理解し，四則計算を確実にできるようにしよう．

薬学とのつながり 　薬学で扱う実験値や検査値には有効数字があり，10のべき乗で表すことが多く，対数計算とも深く関わっていることから，その意味を知り計算を正確に行うことが求められる．

考えてみよう 　2の3乗 2^3 は □，0乗 2^0 は □，−1乗 2^{-1} は □，0.5乗 $2^{0.5}$ は □ になる．□ に数を入れなさい．
〔答：順に，8；1；$\frac{1}{2}$；$\sqrt{2}$〕

9・1 べき乗の意味

第1〜3章で10のべき乗（累乗）を用いて数を表す方法を学んだ．また，コンピューターなどの情報分野では2のべき乗 2^n が用いられている*．このように，a^n という表現は現代社会に不可欠なものになっている．

数 $a>0$ で n を自然数とするとき，下式の a^n を "a の n 乗" と読む．a^n をまとめて a の**べき乗**（**累乗**）といい，n を**指数**（累乗の指数，べき指数），a を**底**という．

$$a^n = \underbrace{a \times a \times \cdots \times a}_{n\text{ 回}}$$

$a^n = a \times a \times \cdots \times a$ が成り立つのは n が自然数のときだけで，そのときは $a \leqq 0$ でもよい．

例題1 　約34億年前の地層から世界最古の微生物の化石が見つかった．この化石は直径が 5〜25 μm の丸い数珠つなぎの形や，直径 7〜20 μm のチューブ状であった．34億年を $3.4 \times 10^{\square}$ 年，25 μm を $2.5 \times 10^{\square}$ m として □ に数を入れ，$a \times 10^n$ の形で表してみよう．
〔答：順に，9；−5〕

$a>0$，$b>0$ で m, n を自然数とするときつぎの指数法則が成り立つ．

＋POINT＋

$$a^m \times a^n = a^{m+n} \qquad \frac{a^m}{a^n} = a^{m-n}$$
$$(a^m)^n = a^{mn}$$
$$(ab)^n = a^n b^n \qquad \left(\frac{a}{b}\right)^n = \frac{a^n}{b^n}$$

つぎに3のべき乗を例にして，指数 n の範囲を自然数から整数，有理数と広げたときの定義を示す．

* コンピューターなどの情報分野では二進数を用いている．これは，"信号のある・なし"の二つの状態で処理を行うためである．

べき乗の歴史：現在のような肩付きのべき乗の書き方は，哲学者で数学者のデカルト（Descartes, R., 1596〜1650）が始めた．自然数は，一通りの素数のべき乗の積の形で表せる（つまり素因数分解できる）ことから数学の世界で広まった．第1章や第3章で使ったように，大きな数・小さな数，有効数字を表すのに便利である．

① n が 0 のときの定義： $3^0=1$

指数の引き算 3^{1-1} のときに指数法則 ($3^{1-1}=3^1\div3^1$) が成り立つように，$3^0=3\div3=1$ と定める．

② n が -1 のときの定義： $3^{-1}=\dfrac{1}{3}$

指数の引き算 3^{2-3} のときに指数法則 ($3^{2-3}=3^2\div3^3$) が成り立つように $3^{-1}=3^2\div3^3=\dfrac{1}{3}$ と定める．$3^0=1$ を使えば，$3^{-1}=3^{2-3}=\dfrac{1}{3}=3^0\div3^1$ となる．つまり，3^{-1} は 3 の逆数になる．

③ n が $\dfrac{1}{2}$ ($=0.5$) のときの定義： $3^{1/2}=3^{0.5}=\sqrt{3}\;(=\sqrt[2]{3})$

指数法則 $(3^{0.5})^2=3^{0.5\times2}$ が成り立つように $3^{0.5}=\sqrt{3}$ と定める．$x=3^{0.5}$ で $x>0$ とすれば，指数法則から $x^2=(3^{0.5})^2=3^1=3$ が成り立つ．2 次方程式 $x^2=3$ ($x>0$) を解いて $x=\sqrt{3}$ を得る．

* $3^{1/3}=\sqrt[3]{3}$ (3 乗根)，$3^{1/4}=\sqrt[4]{3}$ (正の 4 乗根) であり，一般に数 $a>0$ について
$$a^{m/n}=\sqrt[n]{a^m}$$
である．このほか，n が複素数のとき ($n=a+bi$) は，
$$e^n=e^a(\cos b+i\sin b)$$
となる．

これらをまとめるとつぎのようになる*．

⊞POINT⊞

$$a^n=\overbrace{a\times a\times\cdots\times a}^{n\text{ 回}},\quad a^0=1,\quad a^{-n}=\dfrac{1}{a^n},\quad a^{1/n}=\sqrt[n]{a}$$

(ただし，n は自然数，a は $a>0$ の実数)

例題 2 つぎの □ に当てはまる数を入れなさい．

(1) $10^3=\square$, $10^0=\square$, $10^{-1}=\square$, $10^{0.5}=\square$

(2) $4^3=\square$, $4^0=\square$, $4^{-1}=\square$, $4^{0.5}=\square$

(3) $(0.5)^3=\square$, $(0.5)^0=\square$, $(0.5)^{-1}=\square$, $(0.5)^{0.5}=\square$

〔答：(1) 1000, 1, 0.1, $\sqrt{10}$； (2) 64, 1, 0.25, 2； (3) 0.125, 1, 2, $\sqrt{2}/2$〕

9・2 掛け算・割り算とべき乗

10 のべき乗で表した数の掛け算や割り算についてはすでに学んだ (☞ 第 3 章)．

掛け算：$(3.215\times10^5)\times(3.14\times10^4)=(3.215\times3.14)\times10^{5+4}$

割り算：$(3.215\times10^5)\div(3.14\times10^4)=(3.215\div3.14)\times10^{5-4}$

掛け算，割り計算では，指数法則に従い次式のべき乗の計算が行われている．

$$10^5\times10^4=10^{5+4}\qquad 10^5\div10^4=10^{5-4}$$

✗ 誤 答 例

$10^p\times10^q\neq10^{p\times q}$
　　正しくは 10^{p+q}
$10^p\div10^q\neq10^{p\div q}$
　　正しくは 10^{p-q}
$10^{p\times q}\neq10^p\times10^q$
　　正しくは $(10^p)^q$

例題 3 つぎの計算を行い，□ に数を入れなさい．

(1) $2^3\times2^5=2^\square$　　(2) $3^5\div3^2=3^\square$　　(3) $4^3=(2^\square)^3=2^\square$

(4) $4\sqrt{2}=2^\square\times2^\square=2^\square$　　(5) $\dfrac{\sqrt{3}}{9}=3^\square\div3^\square=3^\square$　　(6) $2^4\times3^4=\square^4$

(7) $(3.0\times10^4)\times(2.0\times10^4)=\square\times10^\square$

(8) $(3.0\times10^6)\div(2.0\times10^4)=\square\times10^\square$

(9) $(3.0\times10^8)^2=3.0^\square\times(10^8)^\square=\square\times10^\square$

〔答：(1) 8；(2) 3；(3) 2, 6；(4) 2, 0.5(1/2), 2.5(5/2)；(5) 0.5(1/2), 2, $-1.5(-3/2)$；
(6) 6；(7) 6.0, 8；(8) 1.5, 2；(9) 2, 2, 9.0, 16〕

9・3 足し算・引き算とべき乗

10 のべき乗で表した数の足し算・引き算についてはすでに学んだ (☞ 第 3 章).

二つのべき乗の数 3.2×10^{-6}, 1.4×10^{-6} の足し算は, 3.2 を a, 1.4 を b, 10^{-6} を c とすれば, 分配法則より $a \times c + b \times c = (a+b) \times c$ であるから,

$$3.2 \times 10^{-6} + 1.4 \times 10^{-6} = (3.2 + 1.4) \times 10^{-6} = 4.6 \times 10^{-6}$$

3.2×10^{-6} と 1.4×10^{-5} の場合*は, 指数部分を合わせて分配法則が使えるようにする.

$$\begin{aligned}
3.2 \times 10^{-6} + 1.4 \times 10^{-5} &= 3.2 \times 10^{-6} + 1.4 \times 10^{1-6} \\
&= 3.2 \times 10^{-6} + 1.4 \times (10^1 \times 10^{-6}) \\
&= 3.2 \times 10^{-6} + 14 \times 10^{-6} \\
&= 17.2 \times 10^{-6} \\
&= 1.72 \times 10^{-5}
\end{aligned}$$

分配法則 distributive law:
$a \times (b+c) = a \times b + a \times c$
$(b+c) \times a = b \times a + c \times a$

$n \times m^l$ の形式のべき乗の数値同士の足し算・引き算では分配法則が成立している.

* 二つの数値が測定値なら, 有効桁数は 2 桁だから, 答えは 1.7×10^{-5} となる (☞ 第 3 章).

例題 4 つぎの □ に数や記号を入れなさい.
(1) $(1+2)^4 = \square$, $1^4 + 2^4 = \square$ だから $(1+2)^4 \square 1^4 + 2^4$
(2) $(2+3)^{-1}$ は $\dfrac{1}{\square + \square} = \dfrac{1}{\square}$,

$2^{-1} + 3^{-1}$ は $\dfrac{1}{\square} + \dfrac{1}{\square} = \dfrac{\square}{\square}$ だから $(2+3)^{-1} \square 2^{-1} + 3^{-1}$

(3) $2 \times 10^6 + 3 \times 10^5 = \square \times 10^5$
(4) $2 \times 10^{-6} + 3 \times 10^{-5} = \square \times 10^{-5}$

〔答: 順に, (1) 81, 17, ≠; (2) 2, 3, 5, 2, 3, 5, 6, ≠; (3) 23; (4) 3.2〕

練習問題

1. つぎの □ に正しい数を入れなさい.
(1) $100^3 = 10^\square$ (2) $100^0 = \square$ (3) $100^{-1} = 10^\square = \dfrac{1}{\square}$
(4) $100^{0.5} = \square$ (5) $100^{1.5} = \square \sqrt{\square} = \square$ (6) $100^{-2.5} = \dfrac{1}{\square}$

2. つぎの式は正しいだろうか. 左辺と等しい数または式を求め, 正誤を決定しなさい.
(1) $5^{10} \times 2^{10} = 10^{10}$ (2) $(100^2)^3 = 100^6$ (3) $(100^2)^0 = 100^2$
(4) $3.22 \times 10^{-3} + 1.50 \times 10^{-4} = 4.72 \times 10^{-4}$

第10章 自然対数の底 e

到達目標　e（自然対数の底）は薬学でも頻繁に登場する．e の意味と使われ方を理解し，問題場面にふさわしい活用をしよう．

薬学とのつながり　薬物の反応速度は時間の関数や微分方程式（☞ 第24, 25章）で表すことが多く，それらは e を底とする指数関数 $y=ae^{bx}$（a, b は定数）などで表される．また薬物などの測定結果を統計的に処理するときに，e を底とする指数関数の一つである正規分布で考える．このように，薬学と e とのつながりは深い．

考えてみよう　e は整数 □ と □ の間にあり，$a>0$ の自然対数 $\log_e a$ は常用対数 $\log_{10} a$ の約 □ 倍になる．
〔答：順に，2：3；2.3（☞ §11・3）〕

10・1　e の意味

e は**自然対数**（☞ §11・2）の底，正式には**ネイピア数**といい，π と並ぶ重要な無理数で，その値は 2.718 28… という循環しない小数である．

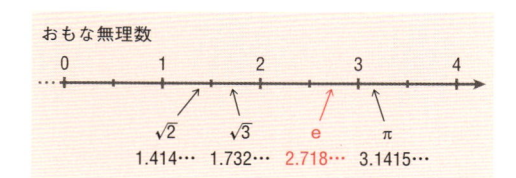

おもな無理数
0 ── 1 ── 2 ── 3 ── 4
　　　 $\sqrt{2}$　$\sqrt{3}$　e　π
　　　1.414…　1.732…　2.718…　3.1415…

e の定義は $\left(1+\dfrac{1}{n}\right)^n$ で n（自然数）を大きくしていった極限値である．$y=\left(1+\dfrac{1}{x}\right)^x$ として，$x>0$ に対する y と e の値を実際にプロットしてみると，x が大きくなるとともに y が徐々に一定値に近づくことがわかる．

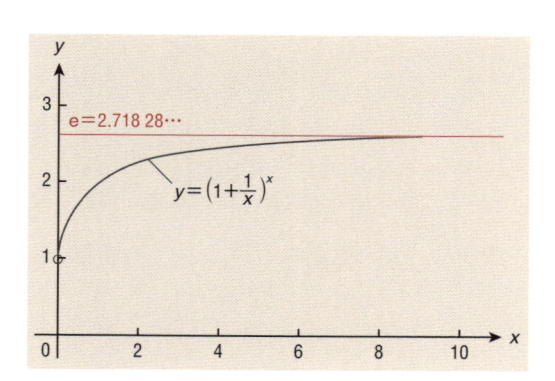

ネイピア数：e は常用対数表を最初につくったスコットランドの貴族ネイピア（Nepier, J., 1550〜1617）が常用対数表の端に書いたことに始まる．e という記号はスイスの天才，オイラー（Euler, L., 1707〜1783）が初めて用いた．e はつぎの無限級数とよばれる式でも表せる．

$$e = 1 + \frac{1}{1!} + \frac{1}{2!} + \frac{1}{3!} + \cdots + \frac{1}{n!}$$

ここで $2!=1\times 2$, $3!=3\times 2\times 1$ のことで，$n!$ は 1 から n までの積で，n の階乗という．

e という文字は，これを用いた関数の一つである**指数関数**（exponential function）からとっている．

10・2 eのべき乗

eは2.71828…という無理数で正の数だから

$$e^2 \times e^3 = e^{2+3} = e^5, \quad e^2 \div e^3 = e^{2-3} = e^{-1} = \frac{1}{e}, \quad e^{0.5} = \sqrt{e}$$

のように，指数法則が成立する（☞§9・1）．一般に，eを底とする指数 e^p, e^q について，他の正の数を底とする指数と同様に，指数法則が成り立つ（p, q は実数）．

$$e^p \times e^q = e^{p+q}, \quad e^p \div e^q = e^{p-q}, \quad (e^p)^q = e^{p \times q}$$

なお，薬学では，e^n のことを $\exp(n)$ と表すこともある[*1]ので，混乱しないようにしよう．

[*1] $\exp(1) = e$
$\exp(2) = e^2$
$\exp(x) = e^x$
$\exp(x+y) = e^{x+y}$

[*2] 一部の関数電卓にある EXP キーは，10のべき乗の入力を行うときに使うキーで，eを表すキーではないことに注意（☞付録，関数電卓の特徴）．

例題 1 つぎの □ に数を入れなさい．e≈2.7 として電卓などを使い[*2]，有効数字2桁の数字で表してみよう．
$e^2 = □$, $e^0 = □$, $e^{-1} = □$, $e^3 \times e^2 = e^□$,
$e^5 \div e^2 = e^□$, $e\sqrt{e} = e^□$, $\frac{1}{\sqrt{e}} = e^□$

〔答：順に，7.3；1.0；0.37；5；3；1.5(3/2)；−0.5(−1/2)〕

練習問題

1. $1 + \frac{1}{1!} + \frac{1}{2!} + \frac{1}{3!} + \frac{1}{4!} + \frac{1}{5!} + \frac{1}{6!} \approx 2.718\,055\,556$ に $\frac{1}{7!} \approx 0.000\,198\,413$ を加えると，e=2.718 281 828 459… の小数点以下第何位まで正しくなるだろうか．

2. eを数学定数を表す文字記号としてつぎの計算をし，eの式で表しなさい．つぎにe=2.7としたらどんな値になるだろうか．
(1) $(e^{-2})^3 \times e^5$；　(2) $(e-e^{-1})^2$ を展開；　(3) $e^3 - e^{-3}$ を因数分解
(4) $\frac{1}{1+e} - \frac{1}{1-e}$ を通分；　(5) $\{\exp(0.5) - \exp(-0.5)\}\{\exp(0.5) + \exp(-0.5)\}$

第11章 対　　　数

到達目標
べき乗で表された数値に対する対数を使うことで，大きな数の掛け算，割り算が簡単に計算できる．10のべき乗と常用対数の関係，eのべき乗と自然対数の関係，常用対数と自然対数の関係を理解し，対数の計算を確実に行えるようにしよう．

薬学とのつながり
常用対数は非常に大きな数や非常に小さな数をわかりやすく表すことに使われる（例：pHと[H^+]や[OH^-]の相互関係）．eを含む式は自然対数をとると一次関数になることが多いので，いろいろな定数を実験で求めることが容易になる．薬学の学習には対数計算は欠かせないので，対数の成り立ちと計算には慣れておこう．

考えてみよう
1000，0.001の常用対数 $\log_{10} 1000$，$\log_{10} 0.001$ はそれぞれ □，□ である．$\sqrt{e}$ の自然対数 $\log_e \sqrt{e}$ は □ である．□ に数を入れなさい．　〔答：順に，3；−3；0.5〕

11・1　常用対数

常用対数：$\log_{10} a$ は，"大きな数の掛け算や割り算を足し算や引き算で計算したい"という天文学などの願いにこたえるように，17世紀の初めに生まれた．スコットランドの貴族ネイピアが常用対数表をつくったことに始まる（☞ p.34 欄外）．薬学を含む自然科学では，$\log_{10} a$ の 10 を省略して，単に $\log a$ や $\text{Log } a$ と表すことが普通である．Excel® や関数電卓でも同様である．常用対数の値は，昔は対数表（☞ p.39）を使って近似値を求めていたが，今では関数電卓や Excel® などで直ちに求められる．

まずいろいろな数を10のべき乗で表してみよう．そして指数に当たる数を求めることで常用対数の考え方に慣れてみよう．

- 100 は 10^2 → 指数の 2 を $\log_{10} 100$ と表す
- 0.0001 は 10^{-4} → 指数の -4 を $\log_{10} 0.0001$ と表す
- 5を10のべき乗で表す〔$10^b=5$ になる b を見つける（$b=0.698\,97\cdots$）〕→
$5=10^{0.69897\cdots}$ → この $0.698\,97\cdots$ を $\log_{10} 5$ と表す

正の数 a について，$10^b=a$ を満たす数 b を a の（常用）対数といい，$b=\log_{10} a$ と表す．

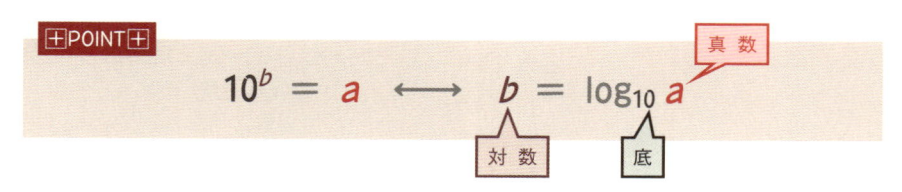

POINT

$$10^b = a \quad \longleftrightarrow \quad b = \log_{10} a$$

（対数）　（底）　（真数）

* 対数のことで混乱したら
$$2^3=8 \iff \log_2 8 = 3$$
を思い出すとよい．

一般に，$c>0$，$c\neq 1$ の数 c と正の数 $a>0$ について，$\log_c a$ の c を底，a を真数，$\log_c a$ を対数という．たとえば，$\log_2 8$ の 2 を底，8 を真数，$\log_2 8(=3)$ を対数という*．a の対数は底の数だけあるが，その中でも特に底 c が 10 のときの対数を**常用対数**という．上の定義から 10 の常用対数は 1，1 の常用対数は 0 になる．

つぎに，10 よりも大きい数の常用対数，1 よりも小さい数の常用対数を考えよう．上で求めたように $5\approx 10^{0.699}$ である．この両辺に 10，100，… を掛けると，

$$10 \times 10^{0.699} = 10^1 \times 10^{0.699} = 10^{1+0.699} = 10^{1.699} \approx 10 \times 5 = 50$$
$$100 \times 10^{0.699} = 10^2 \times 10^{0.699} = 10^{2+0.699} = 10^{2.699} \approx 100 \times 5 = 500$$

となるから，50，500，… の常用対数はそれぞれ

$$\log_{10} 50 \approx 1.699 = 1 + 0.699 = 1 + \log_{10} 5$$
$$\log_{10} 500 \approx 2.699 = 2 + 0.699 = 2 + \log_{10} 5$$

となる*．同様に，両辺に $0.1\left(=\dfrac{1}{10}=10^{-1}\right)$ を掛ければ

$$0.1 \times 10^{0.699} = 10^{-1} \times 10^{0.699} = 10^{-1+0.699} = 10^{-0.301} \approx 0.1 \times 5 = 0.5$$

となるから，0.5 の常用対数は

$$\log_{10} 0.5 = -0.301 = -1 + 0.699 = -1 + \log_{10} 5$$

になる．このように，10 より大きい数，1 より小さい正数の対数は，1 から 10 までの対数に整数を加えて求めることができる．下の数直線を見てわかるように，a が 10 倍になれば $\log_{10} a$ は 1 増えて，逆に a が $\dfrac{1}{10}$ になれば，$\log_{10} a$ は 1 小さくなる．

> * 数字の並び方が同じで，小数点の位置だけが違う数では，それらの対数はすべて小数点以下の数字（これを仮数という）が同じである．

真数 a	0.01	0.05	0.1	0.5	1	5	10	50	100	500	1000
対数 $\log_{10} a$	−2	−1.301…	−1	−0.301…	0	0.69…	1	1.69…	2	2.69…	3

a の範囲が 0.01〜1000 と 5 桁にわたっても，対数 $\log_{10} a$ の範囲は −2〜3 に収まっている．このように対数を使うと，広い範囲の数値が直感でわかる範囲の数値として扱えるようになる．

例題 1 $\log_{10} 2 = 0.301$ としたとき，つぎの □ に数を入れなさい．
$\log_{10} 20 = □$； $\log_{10} 200 = □$； $\log_{10} 2000 = □$； $\log_{10} 0.2 = □$
$\log_{10} 0.002 = □$； $\log_{10} □ = 4.301$； $\log_{10} □ = -3 + 0.301$

〔答：順に，1.301；2.301；3.301；−0.699；−2.699；2×10^4；2×10^{-3}〕

11・2 自然対数

自然対数の底（ネイピア数 ☞ 第 10 章）$e \approx 2.71828\cdots$ のべき乗を考える．$e^b = a$ を満たす数 b を**自然対数**といい $\log_e a$ と表す．

＋POINT＋

$$e^b = a \iff b = \log_e a$$

薬学では $\log_e a$ のことを $\ln a$（ln は"エルエヌ"と読む）と表すことが普通である．Excel® や関数電卓でも $\ln a$ の記号が使われる．

下の数直線でわかる通り，a が $2.718\cdots (=e)$ 倍になると $\log_e a = \ln a$ の値は 1 増えて，$1/2.718\cdots (=1/e)$ になると $\log_e a = \ln a$ の値は 1 小さくなる．

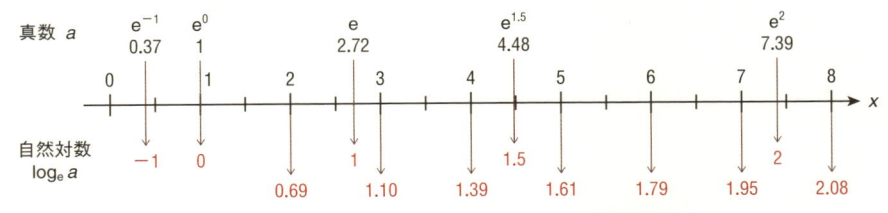

真数 a	e^{-1} 0.37	e^0 1		e 2.72		$e^{1.5}$ 4.48				e^2 7.39	
	0	1	2	3	4	5	6	7	8		
自然対数 $\log_e a$	−1	0 0.69	1 1.10	1.39	1.5 1.61	1.79	1.95	2 2.08			

自然対数は，微分しても変わらない関数 e^x の逆関数として重要である．また，$1/x$ を積分すると $\log_e x = \ln x$ が得られるため，自然科学では特に目にする機会が多い．薬学でもくすりが水に溶けるときの速度や半減期などの計算で自然対数に数多く出会う．

38　第Ⅱ部　種々の関数とグラフ

例題 2　つぎの □ に当てはまる数を入れなさい.
$e^{1.10}=3.00$, $e^{3.00}=20.1$, $\frac{1}{e}=0.368$ とすれば，$\log_e 3.00 = \square$，$\log_e \square = 3.00$，$\log_e 0.368 = \square$ が成り立つ.

〔答：順に，1.10；20.1；-1〕

11・3　対数で成り立つ規則

これまでに取上げた対数の定義および常用対数と自然対数の値から，成り立つ規則を考えよう[*1].

*1 ① $10^0 = e^0 = 1$ は 10 や e でなくても，0 以外の数について成り立つから，一般に $\log_c 1 = 0$（底 $c > 0$，$c \neq 1$）が成り立つ.
② $10^1 = 10$，$e^1 = e$ は 10 や e でなくても成り立つから，一般に，$\log_c c = 1$ が成り立つ.

① $\log_c 1 = 0$　$(c > 0,\ c \neq 1)$
$$\log_{10} 1 = 0 \iff 10^0 = 1, \quad \log_e 1 = 0 \iff e^0 = 1$$

② $\log_c c = 1$
$$\log_{10} 10 = 1 \iff 10^1 = 10, \quad \log_e e = 1 \iff e^1 = e$$

③ $\log_c a^p = p \log_c a$

下表で，$\log_{10} 4 = 0.6021$ は $\log_{10} 2 = 0.3010$ のほぼ 2 倍，$\log_{10} 8 = 0.9031$ は $\log_{10} 2 = 0.3010$ のほぼ 3 倍になっている．同様に，$\log_e 4 = 1.3863$ は $\log_e 2 = 0.6931$ のほぼ 2 倍，$\log_e 8 = 2.0794$ は $\log_e 2 = 0.6931$ のほぼ 3 倍になっており，$\log_c a^p = p \log_c a$ が成り立つことが確かめられる．p は負数や分数でもよい[*2].

*2 p が負数の場合
$\log_c a^{-1} = -\log_c a$
$\log_c a^{-2} = -2 \log_c a$
p が分数の場合
$\log_c a^{1/2} = \frac{1}{2} \log_c a$

a	1	2	e	3	4	5	6	7	8	9	10
$\log_{10} a$	0	0.3010	0.4343	0.4771	0.6021	0.6990	0.7782	0.8451	0.9031	0.9542	1.000
$\log_e a$	0	0.6931	1.000	1.0986	1.3863	1.6094	1.7918	1.9459	2.0794	2.1972	2.3026

✗ 誤答例
$\log_c(a+b) \neq \log_c a + \log_c b$
$\log_c(a \times b) \neq \log_c a \times \log_c b$
正しくは
$\log_c(a \times b) = \log_c a + \log_c b$

④ $\log_c ab = \log_c a + \log_c b$；$\log_c \frac{a}{b} = \log_c a - \log_c b$

上の表で，$\log_{10} 2 + \log_{10} 3$ の和は $0.3010 + 0.4771 = 0.7781$ となり，$\log_{10} 6 = 0.7782$ にほぼ等しい．同様に，$\log_e 2 + \log_e 3$ の和は $0.6931 + 1.0986 = 1.7917$ で $\log_e 6 = 1.7918$ にほぼ等しい．

一般に，$\log_c ab = \log_c a + \log_c b$（各真数についての対数の和）となる．

真数が 2 数の商 $\frac{a}{b}$ の場合は $\frac{a}{b} = a \cdot b^{-1}$ と考え，$\log_c ab = \log_c a + \log_c b$，$\log_c a^p = p \log_c a$ を使えば，$\log_c \frac{a}{b} = \log_c a \cdot b^{-1} = \log_c a + \log_c b^{-1} = \log_c a - \log_c b$（各真数についての対数の差）になる．

⑤ $\log_b a = \log_c a / \log_c b$（底の変換公式）

$\log_b a = x$ とすると，$b^x = a$．両辺の対数（底は c）を取ると，$x \log_c b = \log_c a$ より，$x = \log_b a = \log_c a / \log_c b$.

⑤ の式により，対数の底を自在に変換できる．

⑥ 常用対数と自然対数の関係：$\log_{10} a / \log_e a = \log_{10} e = 0.4343$

上の表の 2 行目を 3 行目でそれぞれ割ってみる．

$$\frac{\log_{10} 2}{\log_e 2} = \frac{0.3010}{0.6931} = 0.4343, \quad \frac{\log_{10} e}{\log_e e} = \frac{0.4343}{1} = 0.4343, \quad \frac{\log_{10} 10}{\log_e 10} = \frac{1}{2.3026} = 0.4343$$

このように，真数 a の値に関わりなく $\log_{10} a / \log_e a = \log_{10} e = 0.4343$ が成り立つ．

例題 3 1でない正の数 a について，$\log_e a / \log_{10} a$ の値を p.38 の表から見つけてみよう．

〔答：2.3026〕

指数関数と対数関数について $y=a^x \iff x=\log_a y$ だから，$y=a^x$ の x に $x=\log_a y$ を代入すれば，$y=a^{\log_a y}$ が成り立つ．したがって，つぎの等式がつねに成り立つ．

$$10^{\log_{10} x} = x, \qquad e^{\log_e x} = x$$

例題 4 つぎの□に当てはまる数値を入れなさい．
$3^{\log_3 2}=\square$，$5^{\log_5 2}=\square$，$10^{\log_{10} 2}=\square$，$e^{\log_e 2}=\square$

〔答：順に，2；2；2；2〕

練習問題

1. 常用対数と自然対数の p.38 の表にある数値を利用してつぎの□に適切な数を入れなさい．
$\log_{10} 2 + \log_{10} 5$ は□+□=□ になるが，$\log_{10} 2 + \log_{10} 5 = \log_{10}(\square \times \square) = \square$ とも計算できる．$\log_e 6 - \log_e 3$ は□-□=□ になるが，$\log_e 6 - \log_e 3 = \log_e(\square \div \square) = \square$ とも計算できる．

2. 常用対数の値が 0.3 違うとき，真数の値は何倍違っていることになるか．

補遺 常用対数表

数	0	1	2	3	4	5	6	7	8	9	数	0	1	2	3	4	5	6	7	8	9
1.0	.0000	.0043	.0086	.0128	.0170	.0212	.0253	.0294	.0334	.0374	5.5	.7404	.7412	.7419	.7427	.7435	.7443	.7451	.7459	.7466	.7474
1.1	.0414	.0453	.0492	.0531	.0569	.0607	.0645	.0682	.0719	.0755	5.6	.7482	.7490	.7497	.7505	.7513	.7520	.7528	.7536	.7543	.7551
1.2	.0792	.0828	.0864	.0899	.0934	.0969	.1004	.1038	.1072	.1106	5.7	.7559	.7566	.7574	.7582	.7589	.7597	.7604	.7612	.7619	.7627
1.3	.1139	.1173	.1206	.1239	.1271	.1303	.1335	.1367	.1399	.1430	5.8	.7634	.7642	.7649	.7657	.7664	.7672	.7679	.7686	.7694	.7701
1.4	.1461	.1492	.1523	.1553	.1584	.1614	.1644	.1673	.1703	.1732	5.9	.7709	.7716	.7723	.7731	.7738	.7745	.7752	.7760	.7767	.7774
1.5	.1761	.1790	.1818	.1847	.1875	.1903	.1931	.1959	.1987	.2014	6.0	.7782	.7789	.7796	.7803	.7810	.7818	.7825	.7832	.7839	.7846
1.6	.2041	.2068	.2095	.2122	.2148	.2175	.2201	.2227	.2253	.2279	6.1	.7853	.7860	.7868	.7875	.7882	.7889	.7896	.7903	.7910	.7917
1.7	.2304	.2330	.2355	.2380	.2405	.2430	.2455	.2480	.2504	.2529	6.2	.7924	.7931	.7938	.7945	.7952	.7959	.7966	.7973	.7980	.7987
1.8	.2553	.2577	.2601	.2625	.2648	.2672	.2695	.2718	.2742	.2765	6.3	.7993	.8000	.8007	.8014	.8021	.8028	.8035	.8041	.8048	.8055
1.9	.2788	.2810	.2833	.2856	.2878	.2900	.2923	.2945	.2967	.2989	6.4	.8062	.8069	.8075	.8082	.8089	.8096	.8102	.8109	.8116	.8122
2.0	.3010	.3032	.3054	.3075	.3096	.3118	.3139	.3160	.3181	.3201	6.5	.8129	.8136	.8142	.8149	.8156	.8162	.8169	.8176	.8182	.8189
2.1	.3222	.3243	.3263	.3284	.3304	.3324	.3345	.3365	.3385	.3404	6.6	.8195	.8202	.8209	.8215	.8222	.8228	.8235	.8241	.8248	.8254
2.2	.3424	.3444	.3464	.3483	.3502	.3522	.3541	.3560	.3579	.3598	6.7	.8261	.8267	.8274	.8280	.8287	.8293	.8299	.8306	.8312	.8319
2.3	.3617	.3636	.3655	.3674	.3692	.3711	.3729	.3747	.3766	.3784	6.8	.8325	.8331	.8338	.8344	.8351	.8357	.8363	.8370	.8376	.8382
2.4	.3802	.3820	.3838	.3856	.3874	.3892	.3909	.3927	.3945	.3962	6.9	.8388	.8395	.8401	.8407	.8414	.8420	.8426	.8432	.8439	.8445
2.5	.3979	.3997	.4014	.4031	.4048	.4065	.4082	.4099	.4116	.4133	7.0	.8451	.8457	.8463	.8470	.8476	.8482	.8488	.8494	.8500	.8506
2.6	.4150	.4166	.4183	.4200	.4216	.4232	.4249	.4265	.4281	.4298	7.1	.8513	.8519	.8525	.8531	.8537	.8543	.8549	.8555	.8561	.8567
2.7	.4314	.4330	.4346	.4362	.4378	.4393	.4409	.4425	.4440	.4456	7.2	.8573	.8579	.8585	.8591	.8597	.8603	.8609	.8615	.8621	.8627
2.8	.4472	.4487	.4502	.4518	.4533	.4548	.4564	.4579	.4594	.4609	7.3	.8633	.8639	.8645	.8651	.8657	.8663	.8669	.8675	.8681	.8686
2.9	.4624	.4639	.4654	.4669	.4683	.4698	.4713	.4728	.4742	.4757	7.4	.8692	.8698	.8704	.8710	.8716	.8722	.8727	.8733	.8739	.8745
3.0	.4771	.4786	.4800	.4814	.4829	.4843	.4857	.4871	.4886	.4900	7.5	.8751	.8756	.8762	.8768	.8774	.8779	.8785	.8791	.8797	.8802
3.1	.4914	.4928	.4942	.4955	.4969	.4983	.4997	.5011	.5024	.5038	7.6	.8808	.8814	.8820	.8825	.8831	.8837	.8842	.8848	.8854	.8859
3.2	.5051	.5065	.5079	.5092	.5105	.5119	.5132	.5145	.5159	.5172	7.7	.8865	.8871	.8876	.8882	.8887	.8893	.8899	.8904	.8910	.8915
3.3	.5185	.5198	.5211	.5224	.5237	.5250	.5263	.5276	.5289	.5302	7.8	.8921	.8927	.8932	.8938	.8943	.8949	.8954	.8960	.8965	.8971
3.4	.5315	.5328	.5340	.5353	.5366	.5378	.5391	.5403	.5416	.5428	7.9	.8976	.8982	.8987	.8993	.8998	.9004	.9009	.9015	.9020	.9025
3.5	.5441	.5453	.5465	.5478	.5490	.5502	.5514	.5527	.5539	.5551	8.0	.9031	.9036	.9042	.9047	.9053	.9058	.9063	.9069	.9074	.9079
3.6	.5563	.5575	.5587	.5599	.5611	.5623	.5635	.5647	.5658	.5670	8.1	.9085	.9090	.9096	.9101	.9106	.9112	.9117	.9122	.9128	.9133
3.7	.5682	.5694	.5705	.5717	.5729	.5740	.5752	.5763	.5775	.5786	8.2	.9138	.9143	.9149	.9154	.9159	.9165	.9170	.9175	.9180	.9186
3.8	.5798	.5809	.5821	.5832	.5843	.5855	.5866	.5877	.5888	.5899	8.3	.9191	.9196	.9201	.9206	.9212	.9217	.9222	.9227	.9232	.9238
3.9	.5911	.5922	.5933	.5944	.5955	.5966	.5977	.5988	.5999	.6010	8.4	.9243	.9248	.9253	.9258	.9263	.9269	.9274	.9279	.9284	.9289
4.0	.6021	.6031	.6042	.6053	.6064	.6075	.6085	.6096	.6107	.6117	8.5	.9294	.9299	.9304	.9309	.9315	.9320	.9325	.9330	.9335	.9340
4.1	.6128	.6138	.6149	.6160	.6170	.6180	.6191	.6201	.6212	.6222	8.6	.9345	.9350	.9355	.9360	.9365	.9370	.9375	.9380	.9385	.9390
4.2	.6232	.6243	.6253	.6263	.6274	.6284	.6294	.6304	.6314	.6325	8.7	.9395	.9400	.9405	.9410	.9415	.9420	.9425	.9430	.9435	.9440
4.3	.6335	.6345	.6355	.6365	.6375	.6385	.6395	.6405	.6415	.6425	8.8	.9445	.9450	.9455	.9460	.9465	.9469	.9474	.9479	.9484	.9489
4.4	.6435	.6444	.6454	.6464	.6474	.6484	.6493	.6503	.6513	.6522	8.9	.9494	.9499	.9504	.9509	.9513	.9518	.9523	.9528	.9533	.9538
4.5	.6532	.6542	.6551	.6561	.6571	.6580	.6590	.6599	.6609	.6618	9.0	.9542	.9547	.9552	.9557	.9562	.9566	.9571	.9576	.9581	.9586
4.6	.6628	.6637	.6646	.6656	.6665	.6675	.6684	.6693	.6702	.6712	9.1	.9590	.9595	.9600	.9605	.9609	.9614	.9619	.9624	.9628	.9633
4.7	.6721	.6730	.6739	.6749	.6758	.6767	.6776	.6785	.6794	.6803	9.2	.9638	.9643	.9647	.9652	.9657	.9661	.9666	.9671	.9675	.9680
4.8	.6812	.6821	.6830	.6839	.6848	.6857	.6866	.6875	.6884	.6893	9.3	.9685	.9689	.9694	.9699	.9703	.9708	.9713	.9717	.9722	.9727
4.9	.6902	.6911	.6920	.6928	.6937	.6946	.6955	.6964	.6972	.6981	9.4	.9731	.9736	.9741	.9745	.9750	.9754	.9759	.9763	.9768	.9773
5.0	.6990	.6998	.7007	.7016	.7024	.7033	.7042	.7050	.7059	.7067	9.5	.9777	.9782	.9786	.9791	.9795	.9800	.9805	.9809	.9814	.9818
5.1	.7076	.7084	.7093	.7101	.7110	.7118	.7126	.7135	.7143	.7152	9.6	.9823	.9827	.9832	.9836	.9841	.9845	.9850	.9854	.9859	.9863
5.2	.7160	.7168	.7177	.7185	.7193	.7202	.7210	.7218	.7226	.7235	9.7	.9868	.9872	.9877	.9881	.9886	.9890	.9894	.9899	.9903	.9908
5.3	.7243	.7251	.7259	.7267	.7275	.7284	.7292	.7300	.7308	.7316	9.8	.9912	.9917	.9921	.9926	.9930	.9934	.9939	.9943	.9948	.9952
5.4	.7324	.7332	.7340	.7348	.7356	.7364	.7372	.7380	.7388	.7396	9.9	.9956	.9961	.9965	.9969	.9974	.9978	.9983	.9987	.9991	.9996

第12章　二 次 方 程 式

到達目標　方程式 $y=ax+b$ で表される一次関数, 方程式 $y=ax^2+bx+c$ で表される二次関数は関数の中で最も基本的である. 一次方程式 $ax+b=0$, $ax^2+bx+c=0$ はこれらの関数が $y=0$ となるときの x の値を示している. その解き方を, 二次関数の形とともにもう一度確認しよう.

薬学とのつながり　化学平衡に基づく計算など, 薬学ではときに二次方程式を解く場面に出会う.

考えてみよう　二次方程式 $(2x+1)^2=0$ の解は $x=\square$；$x(x-1)=0$ の解は $x=\square,\square$；$x^2-2=0$ の解は $x=\square$ である. $\square$ に数値を入れなさい.　　　　　〔答：順に, -0.5；0；1；$\pm\sqrt{2}$〕

12・1　二次式と二次方程式

x の整式のべき乗数 x^n が最も大きな n ならば, その整式は **n 次式**である, という. x についての二次式とは, ax^2+bx+c として表される整式である.

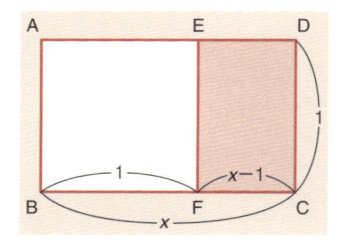

図の長方形で □ABCD と □DEFC が相似で, □ABFE が正方形とする. $BC=x>1$, $BF=1$ とすれば, 比例関係 $x:1=1:x-1$ が成り立ち, $x(x-1)=1$ より $x^2-x-1=0$ となり, これを解けば,

$$x = \frac{1+\sqrt{5}}{2} \quad (x>1 \text{ から})$$

が得られる*1.

一般に, ある二次式 ax^2+bx+c が 0 になる場合, $ax^2+bx+c=0$ と表し, この二次方程式を満たす x を**解**とよぶ*2.

二次方程式を解くにはいくつかの方法がある. $2x^2-4x-6=0$ の場合について示そう*3.

- $2x^2-4x-6$ を因数分解して解く.
$$2x^2 - 4x - 6 = 2(x+1)(x-3) = 0 \quad \leftarrow \text{両辺を 2 で割る}$$
$$(x+1)(x-3) = 0 \quad \leftarrow x+1 \text{ か } x-3 \text{ のどちらかが 0 にならなければならない}$$
$$x+1 = 0, \ x-3 = 0 \quad \text{から} \quad x = -1, \ x = 3$$

- 解の公式を使う.

＋POINT＋
解の公式：$x = \dfrac{-b \pm \sqrt{b^2 - 4ac}}{2a}$

---

*1 図の長方形の短辺に対する長辺の比
$$x = \frac{1+\sqrt{5}}{2}$$
を**黄金比**という. 昔から最も美しい比と考えられ, 日常的にも用いられている.

*2 $a \neq 0$ について
- ax^2+bx+c を**二次式**
- $ax^2+bx+c=0$ を**二次方程式**
- $y=ax^2+bx+c$ を x の**二次関数**

という.

*3 第 4 章や本章で登場した方程式は, 数値が解になっており, **代数方程式**ともよばれる. これに対し, 式が解になる方程式があり, **微分方程式**とよばれる (☞ 第 24, 25 章).

判別式：解の公式において, 根号の中の $b^2-4ac=D$ を**判別式**とよぶ. D を使うと,

- $D>0$：二つの実数解
- $D=0$：一つの実数解
- $D<0$：二つの虚数解

のように解の種類と個数が判別できる.

$$x = \frac{4 \pm \sqrt{4^2 - 4 \cdot 2(-6)}}{2 \cdot 2} = \frac{4 \pm \sqrt{64}}{4} = \frac{4 \pm 8}{4} = 1 \pm 2 \quad \text{より}$$
$$x = -1, 3$$

例題 1 つぎの二次方程式の解を求めてみよう．ただし，実数の範囲で解けないものがあるので注意すること．

(1) $x^2 = 4$；　(2) $-(2x-1)^2 = 0$；　(3) $x^2 + x + 1 = 0$；　(4) $x^2 = x$

〔答：(1) ± 2；(2) $\frac{1}{2}$；(3) 実数解なし；(4) 0, 1〕

12・2 二次関数と二次方程式

二次関数 $y = x^2$ のグラフは，下に凸の放物線で，その頂点は $(0, 0)$ にある．一般化した二次関数 $y = ax^2 + bx + c$ のグラフは，つぎのように考えることができる．

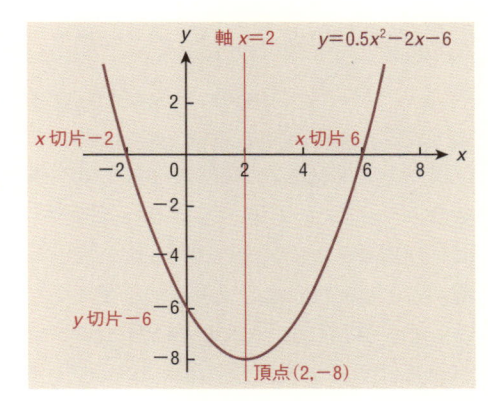

$y = 0.5x^2 - 2x - 6$ を例にとり，変形すると

$$\begin{aligned} y &= 0.5x^2 - 2x - 6 \\ &= 0.5(x^2 - 4x) - 6 \\ &= 0.5\{(x-2)^2 - 4\} - 6 \\ &= 0.5(x-2)^2 - 8 \end{aligned}$$

この式は，右の図のように，頂点が $(2, -8)$ で，y 切片が -6，x 切片が -2 と 6 の放物線を描く．

一方，$0.5x^2 - 2x - 6 = 0$ の二次方程式の解は，この式を 2 倍した $x^2 - 4x - 12 = 0$ を因数分解して $(x+2)(x-6) = 0$ より $x = -2, 6$ が得られる．このことから，グラフの x 切片の値，すなわちグラフと x 軸との交点が二次方程式の解の値になることがわかる．もし，描いた放物線と x 軸とが交わらない場合，その二次方程式には実数解が存在しないことになる．

例題 2 つぎの二次方程式 $f(x) = 0$ で正の解をもつものがあるか．$y = f(x)$ のグラフをもとに調べてみよう．

(1) $f(x) = x^2 - 2x - 3$　　(2) $f(x) = -0.5x^2 - x + 4$　　(3) $f(x) = 2x^2 + 2x + 1$

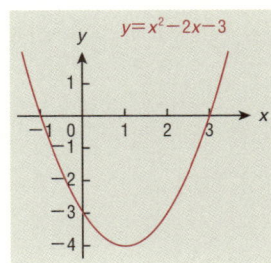

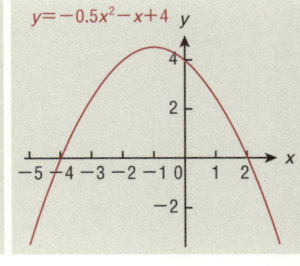

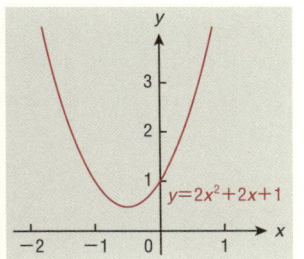

〔答：下線を引いたのが正の解；(1) $x = \underline{3}, -1$；(2) $x = \underline{2}, -4$；(3) 実数解なし〕

12・3 pHと二次方程式

二次方程式を解くと，多くの場合，二つの解が得られる．しかし，自然科学ではそのうちのどちらか一つが意味のある解であることがほとんどである．ここでは，その例として酢酸水溶液の電離度を求めてみよう．

弱酸は水中で電離し平衡状態をとる．濃度 c が小さい酢酸が，電離度 α で電離平衡の状態にあるとき，酢酸とイオンのモル濃度と酸解離定数 K_a は次式のように表される．

$$CH_3COOH \overset{K_a}{\rightleftharpoons} CH_3COO^- + H^+$$

モル濃度　　　$c(1-\alpha)$　　　$c\alpha$　　$c\alpha$

$$K_a = \frac{[CH_3COO^-][H^+]}{[CH_3COOH]} = \frac{(c\alpha)^2}{c(1-\alpha)} = \frac{c\alpha^2}{1-\alpha}$$

ここから二次方程式 $f(\alpha)=c\alpha^2+K_a\alpha-K_a=0$ が得られる．解の公式を使うと*，

$$\alpha = \frac{-K_a \pm \sqrt{K_a^2 + 4cK_a}}{2c}$$

* $K_a=c\alpha^2/(1-\alpha)$ で α が小さい（$\alpha<0.05$）場合は $1-\alpha\approx1$ となるので，$K_a=c\alpha^2$ と近似できる．これより，
$$\alpha = \sqrt{\frac{K_a}{c}}$$
と求めることができる．この式で求めた電離度は $\alpha=0.132$ である．

数学としてはこれで正しいが，α の値は $0<\alpha<1$ の範囲になければならない．実際に，$c=1.0\times10^{-3}$ mol L^{-1}，$K_a=1.75\times10^{-5}$ mol L^{-1}（25 ℃）を使うと，$\alpha=-0.141$（α_1）と $\alpha=0.124$（α_2）が得られる．このうち，α_2 は $0<\alpha<1$ の範囲にあるが，α_1 は $0<\alpha<1$ の範囲にはないので，α_1 は求める解ではない．

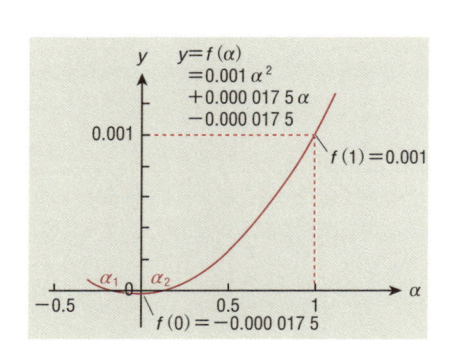

練習問題

1. つぎの二次方程式の実数解を求めなさい．
(1) $(x-2)^2=0$　　(2) $(x-2)^2-4=0$　　(3) $x^2+2x-3=0$
(4) $2x^2-5x+1=0$　　(5) $(\log_{10}x)^2-2(\log_{10}x)+1=0$

2. 濃度が $c=1.0\times10^{-5}$ mol L^{-1} の酢酸 CH_3COOH が電離平衡の状態にあり，酸解離定数が $K_a=1.75\times10^{-5}$ mol L^{-1} のとき，電離度 α を求めなさい．

第13章 指 数 関 数

到達目標 $f(x)=a^x$ のように a のべき乗で表される指数関数には，規則的な増加や減少を的確に表すという特徴がある．この性質を理解して，指数関数の考え方を身につけよう．

薬学とのつながり くすりのかかわる自然現象は，10のべき乗の関数である $y=a\,10^{bx}$ や，ネイピア数 e を底とする関数 $y=ae^{bx}$ でモデル化できるものが多い．指数関数を使うことで，くすりの状態の過去や将来の予測ができる．また，いろいろな場面で指数関数的に増加（減少）する，という表現に出会う．

考えてみよう 指数関数 $f(x)=2^x$ では，$f(11)$ は $f(10)$ の □ 倍，$f(x)=10^x$ では，$f(x+1)$ は $f(x)$ の □ 倍になる．
〔答：順に，2；10〕

13・1 預金と指数関数

年利率 10% で 10 000 円を銀行に預けたとき，1年後に 10 000×1.1＝11 000 円になる．さらに 1 年後は，11 000×1.1＝12 100 円になり，（来年の預金高/今年の預金高）＝1.1 と表せる．ここで，12 100 円＝10 000 円×1.1^2 と表せるから，x 年後の預金高 y 万円は，つぎのように 1.1 を底とする x の指数関数になる．

・方程式　$y=1.1^x$ 〔万円〕　　・グラフ

・x-y 対応表

x 年後	0	1	2	4	6	8	10
y 万円	1.00	1.10	1.21	1.46	1.77	2.14	2.59
差：		0.10	0.11	0.25	0.31	0.37	0.45
比：		1.1	1.1	1.1^2	1.1^2	1.1^2	1.1^2

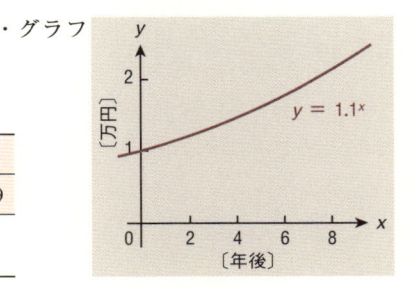

指数関数 $f(x)=a^x\,(a>1)$ は，指数法則（☞§9・1）から $f(x+1)=a^{x+1}=a\times a^x=af(x)$ になり，x が $x+1$ に 1 だけ増えると，増加率 $f(x+1)/f(x)$ は a 倍（一定値）になる．しかし，その差 $f(x+1)-f(x)=a^{x+1}-a^x$ は x が大きくなると急激に大きくなる*．

例題 1 つぎの □ に当てはまる数を入れなさい：$1.1^{10}=2.59$，$1.1^{20}=2.59^{□}=6.71$ だから，年利 1 割で 1 万円を 30 年間預けると □ 万円になる．
〔答：順に，2；17.4〕

＊ 世界の人口も指数関数で予測される．2011 年 10 月には 70 億人を突破したといわれ，指数関数的に増加を続けている．

13・2 指数関数 $y=e^x$ のグラフ

指数関数 a^x，a^{-x} の基本的な性質は，x の値が 1 だけ増えるときの $f(x)$ の増え方の割合が一定なことである．$f(x)=e^x$ の場合，$f(x+1)=e^{x+1}=ef(x)$ だから x が 1 増えると e 倍になる．同様に，$f(x)=e^{-x}$ は，x の値が 1 だけ増えると $f(x+$

*1 対数関数 $y=e^x$, $y=e^{-x}$ は
- 変域（定義域）は実数
- 値域は正（$x<0$ でも）
- x 軸が漸近線

$1)=e^{-(x+1)}=e^{-1}\times e^{-x}=\dfrac{1}{e}f(x)$ だから $\dfrac{1}{e}$ 倍になる．

以上のことを踏まえて，$y=e^x$ と $y=e^{-x}$ のグラフを描くと下図のようになる*1．

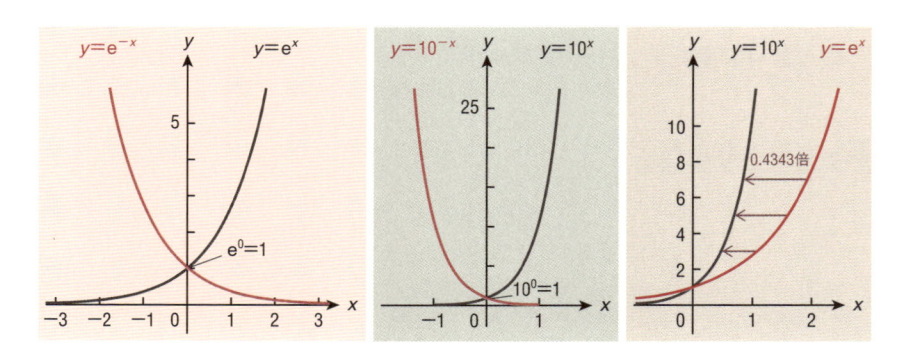

一方，10 を底とする指数関数は $y=10^x=(e^{2.303})^x=(e^x)^{2.303}$ であるから $y=e^x$ のグラフを x 軸方向に $1/2.3026=0.4343$ 倍に縮小したものになっている*2．

*2 ☞ p.46 欄外の *.

練習問題

1. 10 日で 10％ の利息で 1 万円を借りた場合，30 日後と 360 日後には借りたお金はいくらになっているか．

2. 関数 $f(x)=0.6^{(x/8)}$ は，$y=e^{-x}$ のグラフを x 軸方向にどれだけ拡大あるいは縮小して得られるか．$\log_e 0.6=-0.51$ としてその値を求めなさい．

3. ある乳酸菌は腸内の良好な環境下で 20 分に 1 回の割合で分裂を繰返す．この乳酸菌が 1 個から 1 億（10^8）個になるまでの時間を求めなさい．

発展 くすりの消失に対する数学モデルの構築

くすりが体の中に入ると，体の中から排泄されたり分解されたりしてしだいに無くなっていくため，持続的な効果を期待する場合は，一定の時間間隔で飲み続ける必要がある．薬学の基本的なモデルの一つに，"くすりを1回投与すると，一定時間後に一定の割合で体内のくすりが減少する"というものがある（一次反応速度式[*1]に従う場合）．こうした例の場合，指数関数で数学モデルをつくることができる．

[*1] ☞ §25・4．

たとえば，8時間後にその60％が体内に残るくすりがあるとしよう．この減少の変化が連続的に続くとして，くすりの量が初めの50％になるのは何時間後だろうか．まず最初に関数をつくってみよう．飲んだときのくすりの量を1とすると

8時間後（1×8 時間後）に残っているくすりの量：$0.6 = 0.6^1 = 0.6^{8/8}$
つぎの8時間後（2×8 時間後＝16時間後）に残っているくすりの量：$0.6 \times 0.6 = 0.6^2 = 0.6^{16/8}$
つぎの8時間後（3×8 時間後＝24時間後）に残っているくすりの量：$0.6^2 \times 0.6 = 0.6^3 = 0.6^{24/8}$

よって，t 時間後に残っているくすりの量 $f(t)$ は初めのくすりの量を1とすると指数関数で表すことができて，

$$f(t) = 0.6^{t/8}$$

このように式ができれば，右のようにグラフを描くこともできるし，計算で特定の t のときの y の値も求めることができる．

つぎに，くすりの量が0.50になる時間を求めよう．それには，$0.6^{t/8} = 0.50$ となる t を求める．対数の定義，$a^t = b \iff t = \log_a b$ に当てはめて $\frac{t}{8} = \log_{0.6} 0.50$，よって $t = 8 \log_{0.6} 0.50$ が得られる．関数電卓を使い計算する[*2]と，$t = 10.9$ 時間となる．

[*2] $\log_{0.6} 0.50$ は $\log_{10} 0.50 / \log_{10} 0.6$ または $\log_e 0.50 / \log_e 0.6$ として求める．

発展問題 1 あるくすりが8時間につき40％の割合で減少するとき，このくすりは丸1日後に最初の何％に減少しているだろうか．答は
① $0.4^3 = 6.4\%$，② $0.6^3 = 21.6\%$ のどちらか．

第14章 対数関数

到達目標　$y=\log_{10} x$ や $y=\log_e x$ で表される対数関数には，指数関数と同様に増加，減少を的確に表す特徴がある．この特徴を理解し，対数関数の考え方を身につけよう．

薬学とのつながり　酸塩基滴定曲線や薬物の用量作用曲線（用量反応曲線）からいろいろなことを読みとるためには，対数関数についての理解が必要である．また，y が x の対数に比例するという関係が，薬学にはしばしば登場する．

考えてみよう　指数関数 $f(x)=10^x$ では，$f(x+1)$ は $f(x)$ の □ 倍になる．逆に，$f(b)$ が $f(a)$ の10倍ならば $b=a+$ □ と表せる．□ に数を入れなさい．　　〔答：順に，10, 1〕

14・1 対数関数

対数関数 $y=\log_{10} x$ は，指数関数 $x=10^y$ と同じ意味だから，下表のように x, y の値を交換した関係になる．グラフでも表してみよう*1．

・指数関数 $x=f(y)=10^y$

y	-2	-1	0	1	2	3
10^y	10^{-2}	10^{-1}	10^0	10^1	10^2	10^3

・対数関数 $y=f(x)=\log_{10} x$

x	10^{-2}	10^{-1}	10^0	10^1	10^2	10^3
$\log_{10} x$	-2	-1	0	1	2	3

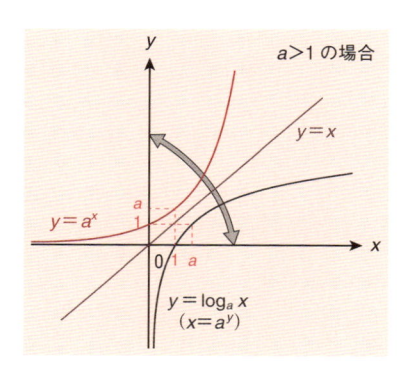

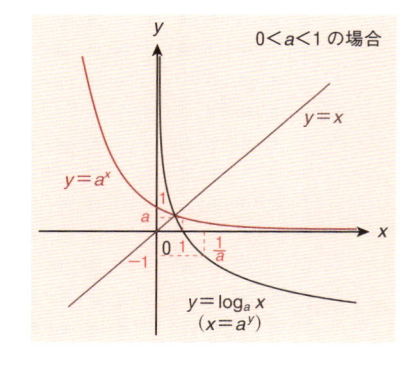

対数の歴史：対数関数のグラフは，1684年に対数曲線として登場した．微積分の創始者でもあるドイツのライプニッツ（Leibniz, G.W., 1646〜1716）が名付けた．その後，対数は，天文学における惑星の軌道計算などの大きな数を計算するのに最初に使われた．化学，薬学でも大きな濃度の違いを表すのに対数関数がよく使われる．

*1 右のグラフでは，指数関数をいつも見る形の $y=$ の書き方に直した（軸の入れ替え ✎ に相当）．その結果，指数関数と対数関数は $y=x$ の直線に対して対称な関係になっている．

指数関数 $y=10^x$ ではつねに $y>0$ であったから，対数関数 $y=\log_{10} x$ ではつねに真数 $x>0$ になる．一般に，$a>1$ のとき $y=a^x$ はつねに増加する関数だから，$a>1$ のとき $y=\log_a x$ はつねに増加する（上左図）．

指数関数では $x<0$ の範囲で y の値はあまり変化しないが $0<x$ では y の値は急激に大きくなる．これに対して，対数関数では $0<x<1$ の範囲で y の値は急激に大きくなるが，$1<x$ では y の値はあまり増加しなくなる*2．

*2 10を底とする対数関数 $y=\log_{10} x$ をもとにして e を底とする対数関数を考えると，$y=\log_e x = (\log_{10} x) / (\log_{10} e) = \log_{10} x / 0.4343 = 2.3026 \log_{10} x$ となる．したがって，$y=\log_e x$ のグラフは $y=\log_{10} x$ を上下方向に2.3倍に拡大した形になる（☞ §13・2）．

14・2 対数関数と一次関数

薬学では $y=A\exp(-Bx)$ の形の式がしばしば登場する（☞ §10・2）．

① 両辺の自然対数をとる：$\ln y = \ln A - Bx$
② $\ln y = 2.303 \log_{10} y$ より $2.303 \log_{10} y = 2.303 \log_{10} A - Bx$
③ 両辺を 2.303 で割る．$\log_{10} y = \log_{10} A - 0.4343 Bx$
④ $\log_{10} y = y'$，$\log_{10} A = A'$，$0.4343 B = B'$ とすると $y' = A' - B'x$

このように，指数関数は対数をとることで一次関数に変換でき，その傾きと切片が $-B'$ と A' である．実験で求めた (x, y') の値の組から線形回帰を施し（☞第8章），回帰直線の傾きと切片から B' と A' を求めることができる．

14・3 pHへの活用

化学・薬学では，物質の濃度変化を扱うことが多い．扱うべき濃度は広い範囲にわたるので対数で表すことが多い．その代表が水溶液中の水素イオン濃度 $[H^+]$ で，10^{-14} mol L^{-1} から 1 mol L^{-1} 程度までの範囲である．水素イオン濃度は，濃度の逆数の常用対数をとり，pH として表現される．

pH：デンマークの生化学者ソーレンセン（Sørensen, S.P., 1868〜1939）がひと目で理解しやすい尺度として1909年に提唱した．純水 H_2O について

$$H_2O \rightleftharpoons H^+ + OH^-$$
$$K_w = [H^+][OH^-] = 10^{-14}$$
$$pH = -\log[H^+]$$
$$pH + pOH = 14$$

の関係がある．

POINT
$$pH = \log_{10} \frac{1}{[H^+]} = -\log_{10} [H^+]$$

$[H^+]$ と pH の関係は次表のようになる．グラフに描くと下左図のようになるが，x 軸に対数目盛をとればグラフは右のように直線になる！

pH	0	1	2	3	4	5	6	7	8	9	10	11	12	13	14
$[H^+]$ mol L^{-1}	10^0	10^{-1}	10^{-2}	10^{-3}	10^{-4}	10^{-5}	10^{-6}	10^{-7}	10^{-8}	10^{-9}	10^{-10}	10^{-11}	10^{-12}	10^{-13}	10^{-14}
$[OH^-]$ mol L^{-1}	10^{-14}	10^{-13}	10^{-12}	10^{-11}	10^{-10}	10^{-9}	10^{-8}	10^{-7}	10^{-6}	10^{-5}	10^{-4}	10^{-3}	10^{-2}	10^{-1}	10^0
水溶液の性質	酸性						← 中性 →					塩基性			

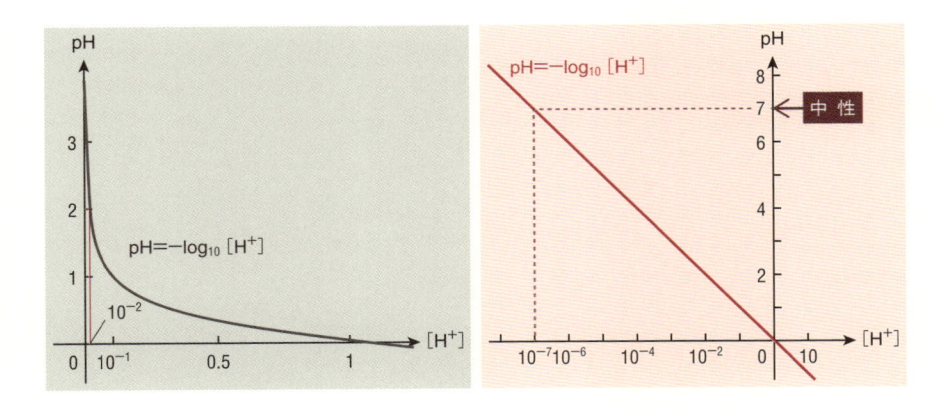

横軸を対数目盛にすると，目盛の間隔が等しくなくなるが，$[H^+]$ と pH の規則的な対応が見えてくる．また，酸性と塩基性の境界もよく見えるようになる．対数関数とそのグラフの役割は，このように規則的な対応や境界を見易くすることにある．

例題 1 つぎの □ に数値を入れなさい.
水素イオン濃度 $[H^+]=0.1$ mol L^{-1} の酸の水溶液の pH は □, 水酸化物イオン濃度は $[OH^-]=$ □ mol L^{-1}, pH=10 の塩基の水素イオンは $[H^+]=$ □ mol L^{-1}, 水酸化物イオン濃度は $[OH^-]=$ □ mol L^{-1} になる.

〔答:順に, 1; 1×10^{-13}; 1×10^{-10}; 1×10^{-4}〕

練習問題

1. つぎの □ に数値を当てはめなさい.
$\log_2 x=$ □ $\log_{10} x=$ □ $\log_e x$; ただし, $\log_{10} 2=0.301$, $\log_e 2=0.693$, $\log_2 10=3.32$, $\log_2 e=1.44$.

2. 水素イオン濃度 $[H^+]=0.001$ mol L^{-1} の酸の水溶液の pH と水酸化物イオン濃度 $[OH^-]$ を求めなさい.

発展 滴定曲線と対数関数

塩酸などの酸に水酸化ナトリウムなどの塩基を滴加していくとき, 加えた塩基の容積に対する混合溶液の pH の変化を示すグラフを**中和滴定曲線**といい, 対数関数のグラフを二つ合わせた形に近いものになる.

濃度が 0.10 mol L^{-1} の塩酸 10 mL に濃度 0.10 mol L^{-1} の水酸化ナトリウム水溶液を少しずつ加えて中和する操作を行う. 10 mL まで滴加し, さらに 20 mL まで加えたとき, 加えた水酸化ナトリウム水溶液の体積 v mL に対する水素イオン濃度 $[H^+]$ mol L^{-1} は表のようになった.

v/mL	1	3	5	7	9	11	13	15	17	19
$[H^+]$/mol L^{-1}	0.1	0.05	0.03	0.02	0.005	2.1×10^{-12}	7.7×10^{-13}	5.0×10^{-13}	3.9×10^{-13}	3.2×10^{-13}

$v<10$, $v>10$ それぞれのときに, pH は下式で表される.

① $0 \leq v < 10$ のとき: $\quad$ pH $= 1 - \log_{10}(10 - v) + \log_{10}(10 + v)$
② $v > 10$ のとき: $\quad$ pH $= 13 - \log_{10}(v + 10) + \log_{10}(v - 10)$

右図はこの関数をグラフにしたものである. 上の表の値はグラフとよく合っている. 当量点 ($v=10$, pH=7) 近傍では, ① も ② も直線 $v=10$ に近くなる. わずかな滴加でも pH が急激に増大(pH ジャンプと言われる)するから, 上の実験で当量になったと思われるときに pH を測定してもぴったり 7 になることは滅多にないのはそのせいである.

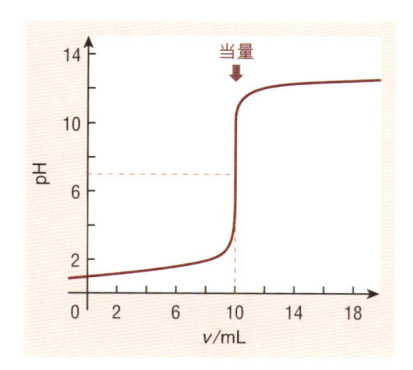

発展問題 1 つぎの □ に数値を入れなさい. ただし, $\log_{10} 3=0.48$, $\log_{10} 5=0.70$ とする.
$v=5$ のとき: $\quad$ pH=1−log$_{10}$ □ +log$_{10}$ □ =1+log$_{10}$ □ = □
$v=15$ のとき: $\quad$ pH= □ −log$_{10}$ □ +log$_{10}$ □ = □ −log$_{10}$ □ = □

第15章 三角関数

到達目標 三角関数は単位円の上を動く点の x 座標，y 座標である．三角関数の基本的な性質を理解し，それを利用して円運動や一定周期で変化するものなどを三角関数で表せるようにしよう．

薬学とのつながり 粒子は波としての性質をもつ．また，分子の構造を知るためには波である光を使った分析が必要である．波は三角関数で表すことができるので，三角関数の基本的な性質を押さえておこう．

考えてみよう 三角関数 $y = 3\sin\pi(4x+0.5)$ の周期は □，振幅は □，位相（☞ p.51）は □ である．□ に数を入れなさい．

〔答：順に，0.5；3；0.5π〕

15・1 三 角 比

xy 座標平面上で原点 O を中心とする単位円 $x^2+y^2=1$ 上に動点 $P(x, y)$ をとり，x 軸の正の方向と直線 OP とのなす角を θ（単位はラジアン，rad）とするとき，**三角比** $\sin\theta$，$\cos\theta$，$\tan\theta$ をつぎのように定める．

$$\sin\theta = y \qquad \cos\theta = x \qquad \tan\theta = \frac{y}{x}$$

たとえば，$\theta = \frac{2\pi}{3}$ (120°) のとき $P\left(-\frac{1}{2}, \frac{\sqrt{3}}{2}\right)$ で三角比の値はつぎのようになる．

$$\sin\frac{2}{3}\pi = \frac{\sqrt{3}}{2}, \qquad \cos\frac{2}{3}\pi = -\frac{1}{2},$$
$$\tan\frac{2}{3}\pi = -\sqrt{3}$$

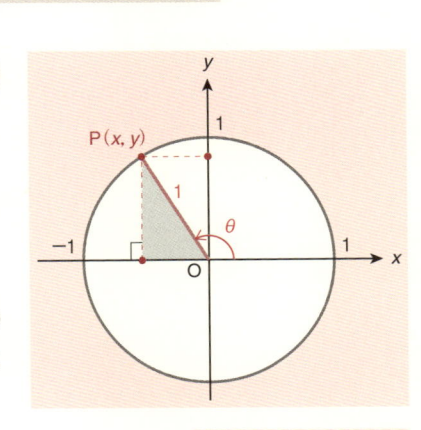

$0 < \theta < \frac{\pi}{2}$ のときは，直角三角形 ABC の頂角 θ の三角比として辺の比で求めることができる．

$$\sin\theta = \frac{c}{a}, \qquad \cos\theta = \frac{b}{a}, \qquad \tan\theta = \frac{c}{b}$$

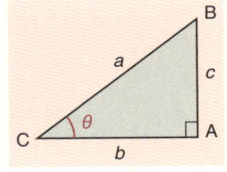

ラジアン：平面角の SI 組立単位．一つの円においてその半径に等しい長さの弧に対する中心角を 1 とする角の単位で，弧度またはラジアン〔rad〕という．

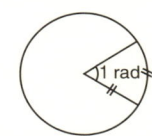

定義から 2 直角 = π であり
$$1 \text{ rad} = \frac{180°}{\pi} \approx 57°17'44.8''$$
（π は円周率）

日常生活で使う度（°）とラジアン（rad）の単位の換算は

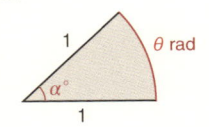

$\alpha° : \theta \text{ rad} = 360 : 2\pi$

より

$$\theta = \frac{\alpha \cdot 2\pi}{360} = \frac{\pi}{180}\alpha$$

例題 1 つぎの □ に分数を入れなさい．
$\sin\frac{\pi}{4} = $ □，$\cos\frac{\pi}{4} = $ □，$\tan\frac{\pi}{4} = $ □，$\sin\frac{3\pi}{4} = $ □，$\cos\frac{3\pi}{4} = $ □，$\tan\frac{3\pi}{4} = $ □

〔答：順に，$\frac{1}{\sqrt{2}}$；$\frac{1}{\sqrt{2}}$；1；$\frac{1}{\sqrt{2}}$；$-\frac{1}{\sqrt{2}}$；-1〕

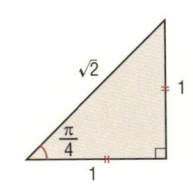

三角比の間にはつぎの基本的な関係がある．

> **POINT**
> $\cos^2\theta + \sin^2\theta = 1$, $\dfrac{\sin\theta}{\cos\theta} = \tan\theta$, $1 + \tan^2\theta = \dfrac{1}{\cos^2\theta}$, $\sin\left(\theta + \dfrac{\pi}{2}\right) = \cos\theta$
>
> **加法定理**＊：
> $\sin(\alpha + \beta) = \sin\alpha\cos\beta + \cos\alpha\sin\beta,\ \cos(\alpha + \beta) = \cos\alpha\cos\beta - \sin\alpha\sin\beta$

＊ 加法定理から，
$\sin(\alpha+\beta) \neq \sin\alpha + \sin\beta$
$\cos(\alpha+\beta) \neq \cos\alpha + \cos\beta$
がいえる．

三角関数：正弦関数($\sin x$)，余弦関数($\cos x$)，正接関数($\tan x$)，余接関数($\cot x$)，正割関数($\sec x$)，余割関数($\mathrm{cosec}\,x$)の総称．

三角関数のべき乗の表し方：
$(\sin x)^2 = \sin^2 x$
$(\cos x)^3 = \cos^3 x$
など．ただし，逆数は
$(\tan x)^{-1} \neq \tan^{-1} x$
で，
$(\sin x)^{-1} = \mathrm{cosec}\,x$
$(\cos x)^{-1} = \sec x$
$(\tan x)^{-1} = \cot x$
という専用の関数になっている．また $y=\sin^{-1}x$（逆関数）は $x=\sin y$ の関係にある．

15・2 三角関数

§15・1 の単位円上の点 P の y 座標は $\sin\theta$ なので $y=\sin\theta$ が成立する．これが**三角関数**である．θ を x に置き換えると，$y=f(x)=\sin x$ となる．円周上を移動する P は 2π rad ごとに同じ点を通るから，

$y = \sin x = \sin(x + 2\pi) = \sin(x + 4\pi) = \cdots = \sin(x + 2n\pi)$　　(n は整数)

が成立する．

このようにある一定の周期で同じ y の値をとる関数が**周期関数**であり，2π が $y=\sin x$ の**周期**となる．$y=\sin x$ を x-y 座標平面にグラフで表すと下図のようになる．この曲線が**正弦曲線**（サインカーブ），$y=\sin x$ で表される波が**正弦波**である．

$y = \tan x$ のグラフ：下のような曲線になる．周期関数であるが，周期は π である．

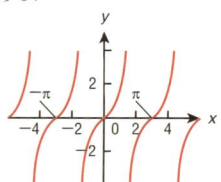

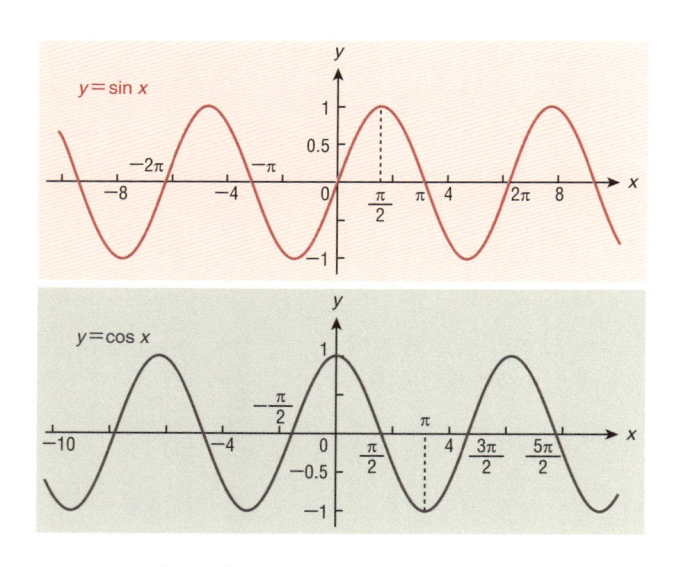

周期関数：すべての実数または複素数に対して定義された $f(x)$ が，ある定数 τ に対しつねに $f(x)=f(x+\tau)$ を満たすとき，$f(x)$ は τ を周期とする周期関数という．加法定理から，

$\sin(x+2\pi)$
$= \sin x \cos 2\pi + \cos x \sin 2\pi$
$= \sin x \times 1 + \cos x \times 0 = \sin x$

$\cos(x+2\pi)$
$= \cos x \cos 2\pi - \sin x \sin 2\pi$
$= \cos x \times 1 - \sin x \times 0 = \cos x$

$\tan(x+\pi) = \dfrac{\sin(x+\pi)}{\cos(x+\pi)}$
$= \dfrac{(\sin x \cos\pi + \cos x \sin\pi)}{(\cos x \cos\pi - \sin x \sin\pi)}$
$= \dfrac{-\sin x}{-\cos x} = \tan x$

$y = \cos x$ は $\cos x = \sin\left(x + \dfrac{\pi}{2}\right)$ であるから，その x-y 座標平面上のグラフは，$y=\sin x$ を $-\dfrac{\pi}{2}$ だけ x 軸方向に平行移動させたものになり，やはり周期が 2π の周期関数である．$y=\sin x$ も $y=\cos x$ も x の定義域は実数であり，y の値域は $-1 \leq y \leq 1$ である．このとき，$y=\sin x$ および $y=\cos x$ の**振幅**は 1 である，という．

例題 2　$f(x)=\sin x$, $f(x)=\cos x$, $f(x)=\tan x$ の中で，$f(-x)=f(x)$ が成り立つのはどれであろうか．

〔答：$f(x)=\cos x$〕

$y=2\sin x$ のように関数 $\sin x$ に 2 を掛けた関数のグラフは，$\sin x$ のグラフを y 軸方向に 2 倍に拡大したグラフなので，振幅は 2 であるが，周期は $y=\sin x$ と同じ 2π である．$y=1+2\sin x$ などとしても y 軸方向に $+1$ 平行移動するだけで振幅は 2 で変わらない．

$y=\sin(x+a)$ のグラフは $y=\sin x$ のグラフを x 軸方向に $-a$ だけ平行移動したものになる（前述の $y=\sin x$ と $y=\cos x$ の関係を参照）．この $-a$ を **位相** という．$\sin 2(x+a)$ や $\cos\pi(x+a)$ も x の代わりに $x+a$ とするので，グラフはそれぞれ $\sin 2x$ や $\cos\pi x$ を $-a$ だけ平行移動したものになるので注意したい．

$\sin 2x$ のように x の代わりに $2x$ とした関数のグラフは，$\sin x$ のグラフを x 軸方向に $\frac{1}{2}$ 倍に縮小したグラフになる．たとえば $\sin 2x$ の周期は π になり，$y=\sin\pi x$ の周期は 2 になる．$y=\sin 2x$ のグラフを x 軸方向に移動して $y=\sin(2x-\pi)$，y 軸方向に移動して $y=3+\sin 2x$，y 軸について対称移動して $y=\sin(-2x)$ としても周期は π で変わらないことに注意したい．

以上のことをまとめてみよう．

$y=1+2\sin\pi\left(x+\frac{1}{3}\right)$ のグラフは，$y=\sin x$ のグラフを

- x 軸方向に，$\frac{1}{\pi}$ 倍に縮小
- x 軸方向に，$-\frac{1}{3}$ 平行移動
- y 軸方向に，2 倍に拡大
- y 軸方向に，1 平行移動

したものである．この正弦曲線の

- 振幅は 2，周期は 2
- 値域は $-1\leqq y\leqq 3$

である．

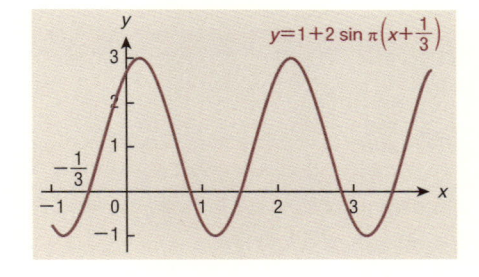

$y=\sin\pi\left(x+\frac{1}{3}\right)$ のグラフは，$y=\sin\pi x$ を x 軸方向に $-\frac{1}{3}$ 平行移動させたもので，波長 (☞ §15・3) は 2 である．位相を θ とすると，2（波長）: 2π（円 1 周分の角度に対応する長さ（＝円周の長さ））＝ $-\frac{1}{3} : \theta$ となり，$\theta=-\frac{1}{3}\pi$ が得られる．

例題 3 三角関数 $y=1-3\sin\left(2\pi x+\frac{\pi}{4}\right)$ の周期，振幅はどうなるだろうか．

〔答：周期 1; 振幅 3〕

15・3 波の動き

三角関数がモデルになる現象に光や電流（交流）などがあり，それらは時間とともに変化する正弦波で表される．時刻 $t=0$ のとき，数直線上の点 x が上下に移動していると考え，その位置を $2\sin 3x$ としよう．x-y 平面上の点 $(1, 2\sin 3)$ は振幅 2，周期 $\frac{2\pi}{3}$ で y 方向に上下する．y 座標が同じ変化をする隣の x 座標までの距離 $\frac{2\pi}{3}$ を **波長** という．

つぎに，数直線上のすべての点が時間とともに周期的に動くと考え，数直線上の点 $x=1$ が時間 t だけ経過したときの位置を $y=2\sin(3x-\pi t)$ とする．

波長と周期：波の動きは位置 x と時間 t の関数で表される．位置 x の三角関数と見たときの周期を "波長"，時間 t の三角関数と見たときの周期を "周期" という．

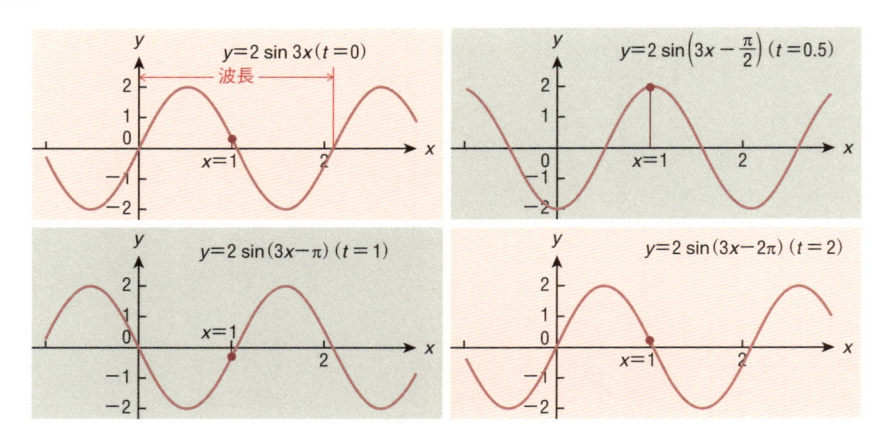

初期状態 ($t=0$) のときの点 x の位置は $2\sin 3x$ である.このとき時間 $t=2$ だけ経過すると,右下のグラフのように $y=2\sin(3x-2\pi)=2\sin 3x$ となり,$t=0$ のグラフと同じになるので,2 が周期であることが確認できる.

一般に,数直線上の点 x が波長 λ,周期 τ,振幅 a で正弦波の動きをするとき,次式で表す.

$$f(x,t) = a\sin 2\pi\left(\frac{x}{\lambda} - \frac{t}{\tau}\right)$$

* p.81.発展に,正弦波のグラフを載せた.

例題 4　正弦波 $f(x,t)=-4\sin 2\pi\left(\frac{x}{3}-\frac{t}{4}\right)$ の波長,周期,振幅を求めなさい*.

〔答:波長 3;周期 4;振幅 4〕

練習問題

1. 三角関数 $y=-4\cos 3\pi\left(x+\frac{1}{2}\right)+3$ の周期,振幅,値域を求めなさい.
2. $f(x,t)=3\sin 2\pi(4x-10t)$ の波長,周期,振幅を求めなさい.
3. 数直線上を正弦波が振幅 3,周期 1,波長 2 で伝わるとき,数直線上の点 x の時刻 t における波の高さ y を $y=a\sin(bx+ct)$ の形で表しなさい.ただし,$x=0$,$t=0$ のとき $y=0$ とする.

III 微分法・積分法

第16章 微分の考え方

到達目標 この第Ⅲ部の最終目標は，薬学で必要とされる程度の微分方程式が解けるようになることにある．微分方程式は，自然現象や社会現象の動きを数学的にモデル化したものである．微分方程式が解けるようになるためには微分や積分を理解する必要がある．本章では，まず微分の基本的な考え方である平均変化率と極限についてマスターしよう．

薬学とのつながり 医薬品溶解速度や化学薬品の反応速度，放射性同位元素の壊変など，時間の変化に伴う物質の変化は微分の考え方に基づいている．

考えてみよう 走った距離を Δy，掛かった時間を Δt とするとき，平均速度と瞬間速度はどう表すことができるか．

〔答：平均速度 $=\dfrac{\Delta y}{\Delta t}$；瞬間速度 $=\lim\limits_{\Delta t \to 0}\dfrac{\Delta y}{\Delta t}$〕

16・1 平均速度

速さ v は進んだ距離を Δy，掛かった時間を Δt とすると $v=\Delta y/\Delta t$ で得られる．ただし，この式で得られるのは平均の速さであり，その瞬間，瞬間の速さではない．このことを確認してみよう．

ウサギとカメが 5 km を 20 分で走った．ウサギは一定の速さで，カメは徐々に速度を速め t 時間後に $45t^2$ km の距離に達するように走った．ウサギもカメも 20 分 $=\dfrac{1}{3}$ 時間で 5 km 走るから，平均速度はともに 5 km$/\dfrac{1}{3}$ h$=$15 km h^{-1} である．

ウサギは一定の速度で走ったのだから，どの時刻でも同じ 15 km h^{-1} の速さである．これに対して，カメの速さは時間とともに速くなるので，動き出したときとゴールしたときの速度は違うはずである．

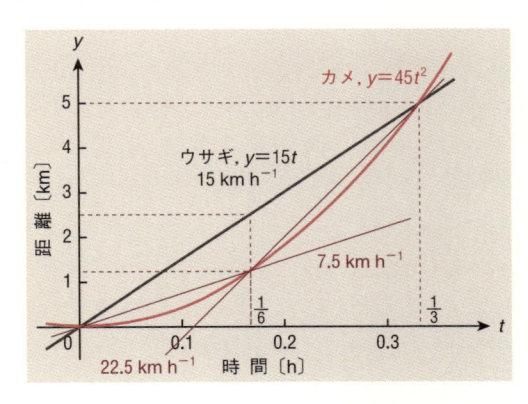

カメのスタート後 10 分間およびゴール前 10 分間の平均の速さを求めてみよう．ある時刻を t，そのときの位置を $f(t)$，少し経過した時刻を $t+\Delta t$ と表せば，そのときの位置は $f(t+\Delta t)$ で，$f(t)=45t^2$ となる．このとき，平均速度は*

$$\frac{\Delta y}{\Delta t} = \frac{f(t+\Delta t) - f(t)}{\Delta t}$$

* 速さを求めるときに必要となるのは，ある時間とそのときの位置，経過した時間とそのときの位置の情報である．

ここで Δt は t の**増分**, $\Delta y = f(t+\Delta t) - f(t)$ は y の**増分**である.

① スタート後 10 分間:$f(t)=45t^2$, $t=0$, $\Delta t=\frac{1}{6}$ より,

$$\frac{\Delta y}{\Delta t} = \frac{f\left(0+\frac{1}{6}\right)-f(0)}{\frac{1}{6}} = \frac{45\times\left(0+\frac{1}{6}\right)^2-45\times 0^2}{\frac{1}{6}} = 7.5 \text{ km h}^{-1}$$

これは関数 $f(t)=45t^2$ の $t=0$ から $t=\frac{1}{6}$ までの**平均変化率**であり,t–y 座標上の 2 点 $(0,0)$ と $\left(\frac{1}{6}, \frac{5}{4}\right)$ を結ぶ直線の傾きである.

② ゴール前 10 分間:$f(t)=45t^2$, $t=\frac{1}{6}$, $\Delta t=\frac{1}{6}$ として

$$\frac{\Delta y}{\Delta t} = \frac{f\left(\frac{1}{6}+\frac{1}{6}\right)-f\left(\frac{1}{6}\right)}{\frac{1}{6}} = \frac{45\times\left(\frac{1}{6}+\frac{1}{6}\right)^2-45\times\left(\frac{1}{6}\right)^2}{\frac{1}{6}} = 22.5 \text{ km h}^{-1}$$

これは関数 $f(t)=45t^2$ の $t=\frac{1}{6}$ から $t=\frac{1}{3}$ までの**平均変化率**であり,t–y 座標上の 2 点 $\left(\frac{1}{6}, \frac{5}{4}\right)$ と $\left(\frac{1}{3}, 5\right)$ を結ぶ直線の傾きである.

例題 1 カメのスタートから 5 分間の平均の速さについて,つぎの □ に数を入れなさい.
$t=$□ h, $\Delta t=$□ h, $f(t)=45t^2$ km として,平均の速さは

$$\frac{f(t+\Delta t)-f(t)}{\Delta t} = \frac{45\times(0+\square)^2-45\times(\square)^2}{\square} = 3.75 \text{ km h}^{-1}$$

〔答:順に,0;$\frac{1}{12}$;$\frac{1}{12}$;0;$\frac{1}{12}$〕

16・2 瞬間速度

カメの速度はスタート後とゴール前で違うことはわかった.そこで,この細かく区切った平均速度(平均変化率)の考え方を使って,カメがゴールをする瞬間の速度(瞬間速度)を求めてみよう.そのためには $t=\frac{1}{3}$ で Δt がごく小さい範囲での平均速度を求めればよいであろう.

カメの t 時間後に到達する距離は $f(t)=45t^2$ km なので,

① ゴールのとき $t=\frac{1}{3}$, t の増分 $\Delta t=\frac{1}{12}$ h(5 分)とする.このとき,y の増分 Δy は

$$\Delta y = f(t+\Delta t)-f(t) = f\left(\frac{1}{3}+\frac{1}{12}\right)-f\left(\frac{1}{3}\right) = 45\left(\frac{1}{3}+\frac{1}{12}\right)^2-45\left(\frac{1}{3}\right)^2 = \frac{45}{16} \text{ km}$$

$$\frac{\Delta y}{\Delta t} = \frac{f(t+\Delta t)-f(t)}{\Delta t} = \frac{45}{16}\div\frac{1}{12} = 33.75 \text{ km h}^{-1}$$

② ゴールのとき $t=\frac{1}{3}$, t の増分をさらに小さくし $\frac{1}{60}$ h(1 分)とする.このとき,y の増分 Δy は

$$\Delta y = f(t+\Delta t)-f(t) = f\left(\frac{1}{3}+\frac{1}{60}\right)-f\left(\frac{1}{3}\right) = 45\left(\frac{1}{3}+\frac{1}{60}\right)^2-45\left(\frac{1}{3}\right)^2 = \frac{41}{80} \text{ km}$$

$$\frac{\Delta y}{\Delta t} = \frac{f(t+\Delta t)-f(t)}{\Delta t} = \frac{41}{80}\div\frac{1}{60} = 30.75 \text{ km h}^{-1}$$

幅 Δt を小さく

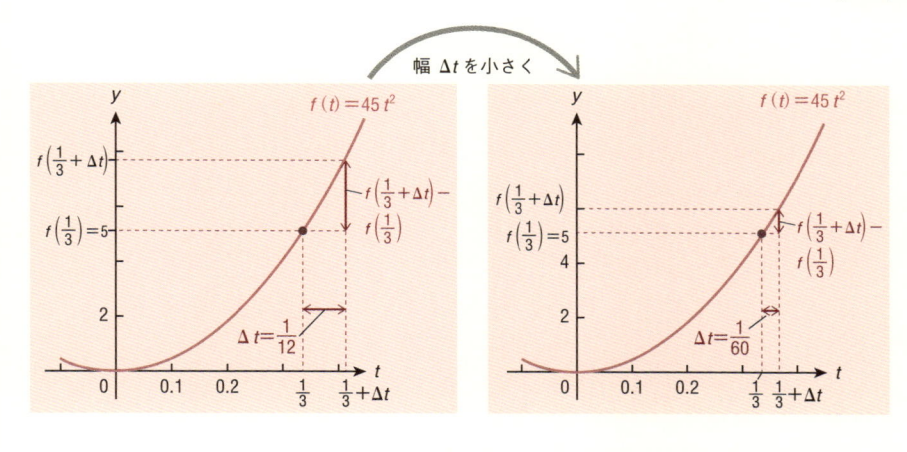

③ ゴールのとき $t=\frac{1}{3}$, t の増分を 0 にしてみると, $\Delta y/\Delta t$ の分母が 0 になり求められない. そこで, $\Delta t \to 0 (\Delta t \neq 0)$ として $\Delta y/\Delta t$ の値を求める[*1]. すなわち,

$$\frac{\Delta y}{\Delta t} = \frac{f\left(\frac{1}{3}+\Delta t\right)-f\left(\frac{1}{3}\right)}{\Delta t} = \frac{45\left(\frac{1}{3}+\Delta t\right)^2 - 45\left(\frac{1}{3}\right)^2}{\Delta t} = \frac{45\left\{\frac{2}{3} \times \Delta t + (\Delta t)^2\right\}}{\Delta t}$$

*1 Δt は 0 に近いが 0 ではないので, 割り算ができる. この $\Delta t \to 0$ として $\Delta y/\Delta t$ の値を求めることが微分の発見につながり, 自然科学が著しく発展した.

において, $\Delta t=0$ とするのではなく, $\Delta t \neq 0$ かつ $\Delta t \to 0$ とする. $\Delta t \neq 0$ だから $\Delta y/\Delta t$ の分母, 分子を約分して,

$$\frac{\Delta y}{\Delta t} = \frac{45\left\{\frac{2}{3}\Delta t + (\Delta t)^2\right\}}{\Delta t} = 45\left(\frac{2}{3}+\Delta t\right)$$

ここで Δt は 0 ではないが, 0 に限りなく近い値なので, $\frac{2}{3}+\Delta t \approx \frac{2}{3}$ とできる. そうすると,

$$\frac{\Delta y}{\Delta t} = 45\left(\frac{2}{3}+0\right) = 30$$

のように $\Delta y/\Delta t$ の値が存在する. この値 30 を $\Delta t \to 0$ のときの $\Delta y/\Delta t$ の**極限値**といい,

$$\lim_{\Delta t \to 0} \frac{\Delta y}{\Delta t}$$

と表す[*2]. こうして, ゴールのときのカメの瞬間速度は 30 km h^{-1} と求まる.

*2 lim は極限を表す. limit の略称で, 矢印の前の記号を矢印の先の数値に近づけるが, その値にはしない, という意味である.

例題 2 $t=\frac{1}{6}$ のときのカメの瞬間速度を求める計算について, □ に適切な数値を入れなさい.

$$\lim_{\Delta t \to 0} \frac{\Delta y}{\Delta t} = \lim_{\Delta t \to 0} \frac{45(\square + \Delta t)^2 - 45(\square)^2}{\Delta t} = \lim_{\Delta t \to 0} \frac{45\{\square \Delta t + (\Delta t)^2\}}{\Delta t} = \lim_{\Delta t \to 0} 45(\square + \Delta t) = \square$$

〔答: 順に, $\frac{1}{6}$; $\frac{1}{6}$; $\frac{1}{3}$; $\frac{1}{3}$; 15〕

練習問題

1. カメのスタートから 15 分後の瞬間速度を求めなさい.
2. ウサギのスタート直後とゴール直前の瞬間速度を求めなさい.

第17章 微分係数と導関数

到達目標 平均変化率と瞬間速度に続き，本章では，微分係数と導関数との関わりについてきちんと理解し，基本的な導関数を求められるようにしよう．

考えてみよう 時刻 t のときに $x=45t^2$ の位置にある物体の $t=1$ における瞬間速度は，下のどの式を $\Delta t \to 0$ としたものだろうか．

(1) $\dfrac{45(\Delta t)^2}{\Delta t}$ (2) $\dfrac{45(t+\Delta t)^2 - 45t^2}{\Delta t}$ (3) $\dfrac{45(1+\Delta t)^2 - 45}{\Delta t}$

〔答：(3)〕

17・1 微分係数

第16章で平均変化率と極限値の求め方を学んだ．たとえば，関数 $y=f(x)=2x^2$ について考えると，$x=0.5$ と $x=0.5+\Delta x$ の間の平均変化率は

$$\frac{\Delta y}{\Delta x} = \frac{2(0.5+\Delta x)^2 - 2\cdot 0.5^2}{\Delta x} = 2(1+\Delta x)$$

と求められ，その $\Delta x \to 0$ の極限値は

$$\lim_{\Delta x \to 0} \frac{\Delta y}{\Delta x} = \lim_{\Delta x \to 0} 2(1+\Delta x) = 2$$

と求まる．この極限値は図に示すように $y=2x^2$ の $(0.5, f(0.5))$ における接線の傾きとなる．この値 2 を，$x=0.5$ における $f(x)=2x^2$ の **微分係数** といい，$f'(0.5)$ と表す．この接線の方程式は，傾き 2 で点 $(0.5, 0.5)$ を通るから，$y=2x-0.5$ となる．

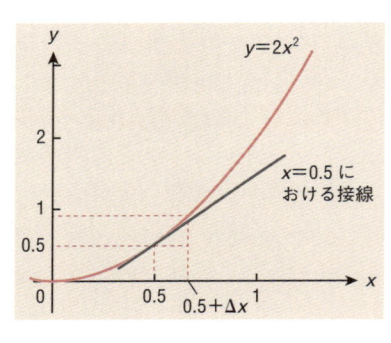

例題 1 $y=f(x)=2x^2$ の $x=1$ における微分係数を求める．下の □ に数，式を入れなさい．

$$f'(1) = \lim_{\Delta x \to 0} \frac{2(1+\Box)^2 - 2\cdot 1^2}{\Delta x} = \lim_{\Delta x \to 0} (\Box + 2\Delta x) = \Box$$

〔答：順に，Δx；4；4〕

17・2 導関数

$f(x)=2x^2$ において，任意の x の値 $x=a$ における微分係数 $f'(a)$ を表してみよう．

① $x=a$，$x=a+\Delta x$ の間の平均変化率を求める．

$$\frac{\Delta y}{\Delta x} = \frac{2(a+\Delta x)^2 - 2a^2}{\Delta x} = \frac{2(2a+\Delta x)\Delta x}{\Delta x} = 2(2a+\Delta x)$$

② $\Delta x \to 0$ とした極限値をとる．

$$f'(a) = \lim_{\Delta x \to 0} \frac{\Delta y}{\Delta x} = \lim_{\Delta x \to 0} 2(2a+\Delta x) = 4a$$

第 17 章 微分係数と導関数   59

したがって $f'(a)=4a$ になる.

ここで，定数 a は $f(x)$ の定義域の範囲であれば任意の数でよいから，a を x に代えた式

$$f'(x) = \lim_{\Delta x \to 0} \frac{\Delta y}{\Delta x} = \lim_{\Delta x \to 0} \frac{f(x+\Delta x)-f(x)}{\Delta x} = \lim_{\Delta x \to 0} 2(2x+\Delta x) = 4x$$

という x の関数が得られる．これが**導関数**[*1] である．

*1 導関数は，明治時代に導出関数とよばれた名残である．

例題 2 つぎの関数の導関数を p.58 の ①，② のやり方で求める．□ に数を入れなさい．

(1) $f(x) = 3x$
$\dfrac{\Delta y}{\Delta x} = \square$ $\quad \lim\limits_{\Delta x \to 0} \dfrac{\Delta y}{\Delta x} = \square$

(2) $f(x) = 3x^2$
$\dfrac{\Delta y}{\Delta x} = \square x + \square \Delta x$ $\quad \lim\limits_{\Delta x \to 0} \dfrac{\Delta y}{\Delta x} = \square x$

〔答：順に，(1) 3, 3；(2) 6, 3, 6〕

17・3 おもな関数の導関数

以下に基本的な関数 $f(x)$ とその導関数 $f'(x)$ を示す[*2]．

POINT

関 数 $f(x)$	定数	$af(x)$	x^n	e^x	$\ln x (=\log_e x)$	$\sin x$	$\cos x$
導関数 $f'(x)$	0	$af'(x)$	nx^{n-1}	e^x	$1/x (=x^{-1})$	$\cos x$	$-\sin x$

*2 左の導関数は，中には導出が難しいものもあるが，基本は p.58 の ①，② の手続きで求めることができる．

$f(x)=x^n$ の導関数 $f'(x)=nx^{n-1}$ は，つぎのように n が自然数だけでなく，0，負の数や分数でも成り立つ[*3]．

- n が自然数，たとえば，$f(x) = x^3$ の導関数は $f'(x) = 3x^2$
- n が負の整数，たとえば，$f(x) = x^{-2} = \dfrac{1}{x^2}$ の導関数は $f'(x) = -2x^{-3} = -\dfrac{2}{x^3}$
- n が分数，たとえば，$f(x) = x^{1/2} = \sqrt{x}$ の導関数は $f'(x) = \dfrac{1}{2}x^{-1/2} = \dfrac{1}{2\sqrt{x}}$

*3 $f(x)=x^n$ (n は 0 以上の整数) の導関数：
$f(x)$	$f'(x)$
x^0	0
x^1	1
x^2	$2x$
x^3	$3x^2$
x^4	$4x^3$

$\log_{10} x = 0.4343 \log_e x$ であるから[*4]，その導関数は[*5]，

$$(\log_{10} x)' = \frac{0.4343}{x} = \frac{1}{2.3026 x} = \frac{1}{x \log_e 10}$$

*4 § 11・3 ⑤,⑥ から
$\log_{10} x = \dfrac{\log_e x}{\log_e 10} = \dfrac{\log_e x}{2.3026}$
$= 0.4343 \log_e x$
$= 0.4343 \ln x$

*5 $(\log_{10} x)'$ のように，関数全体に ( )′ を付けて導関数を表す方法もある (☞ § 17・4)．

例題 3 つぎの関数について，その導関数を求めなさい．
(1) $4x^2$ （2) $\dfrac{2}{x}$ （3) $x^{3/2} = x\sqrt{x}$ （4) $3e^x$

〔答：(1) $8x$；(2) $-2x^{-2}$；(3) $\dfrac{3}{2}\sqrt{x}$；(4) $3e^x$〕

17・4 微分の表し方

関数 $f(x)$ の導関数 $f'(x)(=y')$ を求めることを**微分する**という．
$y=f(x)$ の導関数は y', $f'(x)$ のほかにつぎのような表し方がある[*6]．

$$\frac{dy}{dx}, \quad \frac{df(x)}{dx}, \quad \frac{d}{dx}f(x), \quad \{f(x)\}'$$

前三者の表し方だと，何を何で微分するのかが〔y，$f(x)$ を x で微分することが〕明確なので，種々の変数が登場する薬学ではこれらの表し方が便利である．

*6 $\dfrac{dy}{dx}$ は分数式全体で一つの式なので，"ディーワイ ディーエックス" と読み，"ディーエックス" 分の "ディーワイ" とは決して読まない．

練習問題

1. 分数関数 $f(t)=\dfrac{1}{t}$ の導関数を求める方法について，つぎの □ に数または式を入れなさい．

$$\dfrac{\Delta y}{\Delta t} = \dfrac{f(t+\Delta t)-f(t)}{\Delta t} = \dfrac{\dfrac{1}{\Box+\Box}-\dfrac{1}{\Box}}{\Delta t} = \dfrac{-\Box}{\Delta t\,\Box\,(t+\Delta t)} = \dfrac{-1}{t(t+\Delta t)}$$

$$\dfrac{dy}{dt} = \lim_{\Delta t \to 0}\dfrac{\Delta y}{\Delta t} = \dfrac{-1}{\Box}$$

---

*1 $e^h = 1+\dfrac{1}{n}$ とおくと

$e^h - 1 = \dfrac{1}{n}$

$h = \ln\left(1+\dfrac{1}{n}\right)$

$n\to\infty$ のとき $h\to 0$

$\displaystyle\lim_{h\to 0}\dfrac{e^h-1}{h}$

$= \displaystyle\lim_{n\to\infty}\dfrac{\dfrac{1}{n}}{\ln\left(1+\dfrac{1}{n}\right)}$

$= \displaystyle\lim_{n\to\infty}\dfrac{1}{\ln\left(1+\dfrac{1}{n}\right)^n}$

$= \dfrac{1}{\ln e} = \dfrac{1}{1} = 1$

*2 三角関数の和と積の公式
$\sin\alpha - \sin\beta =$
$2\cos\dfrac{\alpha+\beta}{2}\sin\dfrac{\alpha-\beta}{2}$

発展　指数・対数・三角関数の導関数

① 指数関数 e^x の導関数 $(e^x)'$ は，つぎのようにして求める．

- e の定義 $\displaystyle\lim_{n\to\infty}\left(1+\dfrac{1}{n}\right)^n = e$

- $\displaystyle\lim_{h\to 0}\left(\dfrac{e^h-1}{h}\right) = 1$ ($e^h = 1+\dfrac{1}{n}$ とおいて導く*1)

- $(e^x)' = \displaystyle\lim_{h\to 0}\dfrac{e^{x+h}-e^x}{h} = e^x \lim_{h\to 0}\dfrac{e^h-1}{h} = e^x \cdot 1 = e^x$

② 対数関数 $\ln x$ の導関数 $(\ln x)'$ は，つぎのようにして求める．

- $y = \ln x$ から $x = e^y$

- 両辺を x で微分して $1 = \dfrac{d}{dy}e^y \cdot \dfrac{dy}{dx} = e^y \dfrac{dy}{dx}$ （§18・3，合成関数の微分より）

- 両辺を e^y で割って $\dfrac{1}{e^y} = \dfrac{dy}{dx}$, $x = e^y$ を代入して $\dfrac{dy}{dx} = \dfrac{1}{e^y} = \dfrac{1}{x}$

③ 三角関数 $\sin x, \cos x, \tan x$ は，つぎのようにして求める．

- $\displaystyle\lim_{h\to 0}\dfrac{\sin h}{h} = 1$ (h の単位がラジアンで 0 に近いとき $\sin h \approx h$ という意味) から，

- $(\sin x)' = \displaystyle\lim_{h\to 0}\dfrac{\sin(x+h)-\sin x}{h} = \lim_{h\to 0}\dfrac{2}{h}\cos\left(x+\dfrac{h}{2}\right)\sin\dfrac{h}{2}$ （見返し*2 参照）

  $= \displaystyle\lim_{h\to 0}\cos\left(x+\dfrac{h}{2}\right)\lim_{h\to 0}\dfrac{\sin(h/2)}{h/2} = \cos x \cdot 1 = \cos x$

- $(\cos x)' = \left\{\sin\left(\dfrac{\pi}{2}-x\right)\right\}' = \cos\left(\dfrac{\pi}{2}-x\right)\left(\dfrac{\pi}{2}-x\right)' = -\sin x$

  （§18・3，合成関数の微分より）

- $(\tan x)' = \left(\dfrac{\sin x}{\cos x}\right)' = \dfrac{(\sin x)'\cos x - (\cos x)'\sin x}{\cos^2 x} = \dfrac{\cos^2 x + \sin^2 x}{\cos^2 x} = \dfrac{1}{\cos^2 x}$

  （§18・2，商の微分より）

第18章 微分法の規則

到達目標 いろいろな関数の微分ができるようになるために，関数の和，差，積，商，合成関数の微分の計算を間違いなくできるようにしよう．

考えてみよう $y=(2x-1)^2$ の導関数は，つぎのどれが正しいだろうか．
(1) $2(2x-1)$　　　(2) $4(2x-1)$　　　(3) $6(2x-1)$　　　(4) $8x-4$

〔答：(2), (4)〕

18・1 和と差の微分

関数 $f(x), g(x)$ の和，差でできる関数 $f(x)+g(x)$，$f(x)-g(x)$ の導関数は $f(x)$，$g(x)$ を別々に微分して和，差をとればよく，それぞれ

$$(f(x)+g(x))' = f'(x)+g'(x) \qquad (f(x)-g(x))' = f'(x)-g'(x)$$

である．和，差の微分を用いてつぎのような計算ができる．

- $3x^2 - 4x + 2$ の導関数は，それぞれの項を微分して，

$$\frac{d}{dx}(3x^2 - 4x + 2) = 3(x^2)' - 4(x)' + (2)' = 6x - 4$$

- $x^2 - 3 + \dfrac{2}{x}$ の導関数は，それぞれの項を微分して，

$$\frac{d}{dx}\left(x^2 - 3 + \frac{2}{x}\right) = (x^2)' - (3)' + \left(\frac{2}{x}\right)' = 2x - \frac{2}{x^2}$$

- $\dfrac{x+1}{\sqrt{x}}$ の導関数は，分子を分母で割り[*1]，得られるそれぞれの項を微分して，

$$\frac{d}{dx}\left(\frac{x+1}{\sqrt{x}}\right) = (x^{1/2})' + (x^{-1/2})' = \frac{1}{2}x^{-1/2} - \frac{1}{2}x^{-3/2} = \frac{1}{2\sqrt{x}} - \frac{1}{2x\sqrt{x}}$$

[*1] $\dfrac{(x+1)}{\sqrt{x}} = \dfrac{\sqrt{x^2}}{\sqrt{x}} + \dfrac{1}{\sqrt{x}}$
$= \sqrt{x} + \dfrac{1}{\sqrt{x}}$
$= x^{1/2} + x^{-1/2}$

例題 1 つぎの関数を x で微分すると導関数はどうなるであろうか．
(1) $x(x+1)$　　　(2) $x + \dfrac{1}{x}$　　　(3) $\dfrac{3x-4}{\sqrt{x}}$

〔答：(1) $2x+1$；(2) $1-\dfrac{1}{x^2}$；(3) $\dfrac{3}{2\sqrt{x}} + \dfrac{2}{x\sqrt{x}}$〕

18・2 積と商の微分

微分可能な関数[*2] $f(x), g(x)$ について，その積 $f(x)g(x)$ の導関数はつぎのようになる．

$$\{f(x)g(x)\}' = f'(x)g(x) + f(x)g'(x)$$

この式はつぎのように表すこともできる．

$$\frac{d}{dx}f(x)g(x) = g(x)\frac{d}{dx}f(x) + f(x)\frac{d}{dx}g(x)$$

[*2] 微分可能な関数とは，グラフ上で連続した滑らかな曲線で表すことができる関数のこと．

積の微分を用いて次式のような計算ができる．

*1 $\{x^3(x+1)\}' = (x^4+x^3)'$
$= 4x^3+3x^2$

- $x^3(x+1)$ の導関数は*1，
$(x^3)'(x+1) + x^3(x+1)' = 3x^2(x+1) + x^3 \cdot 1 = 4x^3 + 3x^2$

✗ 誤答例
$(xe^x)' = (x)'(e^x)' = e^x$
は間違い．正しくは
$(x)'e^x + x(e^x)' = e^x + xe^x$

- xe^x の導関数は，$(x)'e^x + x(e^x)' = 1 \cdot e^x + xe^x = (x+1)e^x$
- $x\log_e x$ の導関数は，$(x)'\log_e x + x(\log_e x)' = 1 \cdot \log_e x + \dfrac{x}{x} = \log_e x + 1$
- $e^x \sin x$ の導関数は，
$(e^x)'\sin x + e^x(\sin x)' = e^x \sin x + e^x \cos x = e^x(\sin x + \cos x)$

微分可能な関数 $f(x), g(x)$ について，その商 $f(x)/g(x)$ の導関数はつぎのようになる．

*2 $f(x)=1$ ならば $f'(x)=0$

$$\left\{\dfrac{f(x)}{g(x)}\right\}' = \dfrac{f'(x)g(x) - f(x)g'(x)}{\{g(x)\}^2} \qquad 特に*2, \quad \left\{\dfrac{1}{g(x)}\right\}' = \dfrac{-g'(x)}{\{g(x)\}^2}$$

商の微分を用いてつぎのような計算ができる．

*3 $(1/x)' = (x^{-1})' = -x^{-2}$
$= -1/x^2$

- $\dfrac{1}{x}$ の導関数は*3，$\dfrac{(1)'x - (x)'1}{x^2} = \dfrac{0 \cdot x - 1}{x^2} = -\dfrac{1}{x^2}$

  上右の式を使うと，$\dfrac{-(x)'}{x^2} = \dfrac{-1}{x^2} = -\dfrac{1}{x^2}$

- $\dfrac{x}{2x+1}$ の導関数は，
$$\dfrac{(x)'(2x+1) - x(2x+1)'}{(2x+1)^2} = \dfrac{1 \cdot (2x+1) - 2x}{(2x+1)^2} = \dfrac{1}{(2x+1)^2}$$

例題 2 つぎの関数の導関数を求めなさい．
(1) $x^3(2x-1)$ (2) $x^2 e^x$ (3) $\dfrac{1}{2x+1}$

〔答：(1) $x^2(8x-3)$；(2) $x(x+2)e^x$；(3) $-\dfrac{2}{(2x+1)^2}$〕

18・3 合成関数の微分

*4 この考え方は置換積分（☞第22章，発展）につながる．

合成関数 $f\{g(x)\}$ の微分は次式のように導関数の積で表される*4．

$$y = f(z),\ z = g(x) \text{ とすれば，} \dfrac{dy}{dx} = \dfrac{dy}{dz}\dfrac{dz}{dx} \quad あるいは \quad \{f(g(x))\}' = f'(z) \cdot g'(x)$$

合成関数の微分を用いてつぎのような計算ができる．

*5 $\{(3x+2)^2\}'$
$= (9x^2 + 12x + 4)'$
$= 18x + 12$
$= 6(3x+2)$

- $(3x+2)^2$ の導関数は*5，$y = z^2$，$z = 3x+2$ とおけば，
$\dfrac{dy}{dz} = 2z$，$\dfrac{dz}{dx} = (3x+2)' = 3$ であるから，
$\dfrac{dy}{dx} = \dfrac{dy}{dz}\dfrac{dz}{dx} = 2z \cdot 3 = 6z = 6(3x+2)$

*6 $(\log_e x^2)' = (2\log_e x)'$
$= 2\dfrac{1}{x} = \dfrac{2}{x}$

- $\log_e x^2$ の導関数は*6，$y = \log_e |z|$，$z = x^2$ とおけば，
$\dfrac{dy}{dz} = \dfrac{1}{z}$，$\dfrac{dz}{dx} = 2x$ から，$\dfrac{dy}{dx} = \dfrac{dy}{dz}\dfrac{dz}{dx} = \dfrac{1}{z} \cdot 2x = \dfrac{1}{x^2} \cdot 2x = \dfrac{2}{x}$

- $\sin\left(3x - \dfrac{\pi}{2}\right)$ の導関数は，$y = \sin z$, $z = 3x - \dfrac{\pi}{2}$ とおけば，

  $\dfrac{dy}{dz} = \cos z$, $\dfrac{dz}{dx} = 3$ から，

  $\dfrac{dy}{dx} = \dfrac{dy}{dz}\dfrac{dz}{dx} = \cos z \cdot 3 = 3\cos\left(3x - \dfrac{\pi}{2}\right)$

例題 3 つぎの関数を合成関数の微分で求めるとき，□に数や式を入れ完成しなさい．

(1) $y = e^{-2x+1}$ の導関数は，$y = e^z$, $z = -2x + 1$ とおけば，

$\dfrac{dy}{dx} = \dfrac{dy}{dz}\dfrac{dz}{dx} = \Box \cdot \Box = \Box e^{-2x+1}$

(2) $y = \sqrt{1-x^2}$ の導関数は，$y = \sqrt{z}$, $z = 1 - x^2$ とおけば，

$\dfrac{dy}{dx} = \dfrac{dy}{dz}\dfrac{dz}{dx} = \dfrac{1}{\Box} \cdot \Box = -\dfrac{x}{\Box}$

〔答：順に，(1) e^z, -2, -2；(2) $2\sqrt{z}$, $-2x$, $\sqrt{1-x^2}$〕

練習問題

1. つぎの関数の導関数を求めなさい．

(1) $x - \dfrac{3}{x}$　　(2) $\sqrt{x} + \dfrac{2}{\sqrt{x}}$　　(3) $\dfrac{x-1}{x+1}$　　(4) $\dfrac{\cos x}{\sin x}$

2. つぎの関数を x で微分しなさい．

(1) $\log_e \dfrac{x-1}{x+1}$　　(2) 10^x　　(3) e^{-x^2}　　(4) $4\cos 2\pi\left(\dfrac{x}{4} - \dfrac{t}{3}\right)$

第19章 高階微分

到達目標　関数の導関数をさらに微分して第2次導関数ができ，第2次導関数，第3次導関数などを高次導関数という．ニュートン（Newton, I.）は位置の導関数が速度，第2次導関数が加速度であることを示した．高次導関数の物理的な意味を理解するとともに，高次導関数の計算ができるようにしよう．

考えてみよう　$y=2x^2$ の導関数，その導関数，さらにその導関数はつぎのどれだろうか．
(1) 0；　(2) 2；　(3) 4；　(4) $2x$；　(5) $4x$

〔答：順に，(5)；(3)；(1)〕

19・1　第2次導関数

導関数 $f'(x)$ を微分（二次微分，二階微分）して得られる導関数を $f(x)$ の**第2次導関数（二次導関数）**といい，つぎのように表す．

$$y'',\ f''(x),\ \frac{d^2y}{dx^2},\ \frac{d^2}{dx^2}f(x)$$

地上の物体は地球から力を受けて，自由落下運動を行う．この運動で落下する距離 x は時間 t の関数となり，$x(t)=4.9t^2$ で与えられる．その導関数は $\frac{d}{dt}x(t)=9.8t$ で，その物理的な意味は時刻 t における瞬間の速度 v であり，$v(t)=9.8t$ と表すことができる．

この式は t の関数になっており，もう一度 t で微分することができ，$\frac{d}{dt}v(t)=9.8$ となる．

この式の物理的な意味は，速度の時間変化を表しているので，加速度 a になる．よって，

$$a = \frac{d}{dt}v(t) = \frac{d}{dt}\frac{d}{dt}x(t) = \frac{d^2}{dt^2}x(t) = 9.8$$

となる．このように，位置の時間による微分が速度，速度の時間による微分が加速度だから，**位置の時間による二次微分は加速度になる．**

$$\text{速度は位置の導関数}\qquad : v(t) = \frac{d}{dt}x(t)$$

$$\text{加速度は位置の第2次導関数}: a(t) = \frac{d^2}{dt^2}x(t)$$

このように高次導関数には，物理的な意味がある場合がある．

関数によっては，第2次導関数がもとの関数に戻るものもある．

関数 x	導関数 $\dfrac{dy}{dx}$	第2次導関数 $\dfrac{d^2y}{dx^2}$	
e^x	e^x	e^x	←微分しても変わらない
e^{-x}	$-e^{-x}$	e^{-x}	←二階微分すると"もとの関数"になる
$\sin x$	$\cos x$	$-\sin x$	←二階微分すると−"もとの関数"になる

例題 1 第2次導関数を求める式で □ に数を入れなさい．

(1) $\dfrac{d^2}{dx^2}x^4 = \Box x^2$ (2) $\dfrac{d^2}{dx^2}\left(\dfrac{1}{x}\right) = \dfrac{\Box}{x^3}$ (3) $\dfrac{d^2 e^x}{dx^2} = \Box e^x$

〔答：(1) 12；(2) 2；(3) 1〕

19・2 第 n 次導関数

関数 $f(x)$ を n 階微分して得られる関数を**第 n 次導関数**といい，つぎのように表す．

$$y^{(n)},\ f^{(n)}(x),\ \dfrac{d^n y}{dx^n},\ \dfrac{d^n}{dx^n}f(x)$$

指数関数 $y=e^x$ や三角関数 $y=\sin x$ のように，微分を繰返したとき不変，または規則的に変化するものがある．

y	y'	y''	$y^{(3)}$	$y^{(4)}$	$y^{(5)}$
e^x	e^x	e^x	e^x	e^x	e^x
$\sin x$	$\cos x$	$-\sin x$	$-\cos x$	$\sin x$	$\cos x$

例題 2 無理関数 $y=\sqrt{x}$ の高次導関数を求めるとき，つぎの □ に数を入れなさい．

$y = \sqrt{x} = x^{1/2}$ $y' = \dfrac{1}{2}x^{-1/2}$ $y'' = -\dfrac{1}{4}x^{\Box}$ $y^{(3)} = \Box x^{\Box}$

〔答：順に，$-3/2$；$\dfrac{3}{8}$；$-5/2$〕

第20章 グラフの面積

到達目標 ある図形や数量を，小さい長方形の面積の総和で近似する区分求積法を学ぶ．積分法はこの区分求積法から生まれた．区分求積法は微分・積分の基本中の基本なので，しっかりと理解しよう．

考えてみよう 一次関数 $y=2x$ のグラフと直線 $x=2$，$x=4$ で囲まれた部分の面積はつぎのどれだろうか．
(1) 6；　(2) 12；　(3) 18；　(4) 8　　　　　　　　　　　　　　　　　　　〔答：(2)〕

20・1 図形の面積

基本図形の面積は簡単に求められるが，曲面で区切られた図形などの面積を求めることは難しく，**区分求積**の考え方が必要になる．ここでは，いろいろな形の面積を通して**区分求積法**の意味を考える．

区分求積法：この方法は，小区間を無限に多くしたときの面積の極限値を求める方法である．本章では小区間を有限個（10個，100個など）とした場合を考える．

多角形や円の面積はつぎのようにして求めた．

長方形：$S = ab$
平行四辺形：$S = ah$
台形：$S = \frac{1}{2}(a+b)h$
三角形：$S = \frac{1}{2}ah$
円：$S = \pi r^2$

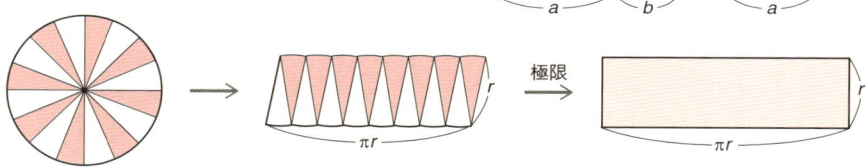

円の面積の場合には，合同な扇形（上の場合16個）を切り取って交互に並べる．こうすると，長方形に近い形になる．切り取る個数を多くすれば，長方形にますます近づき，無限大（極限の考え方☞ 第17章）にすれば，完全な長方形になる．その長方形は，長辺の長さが円周の長さの半分（πr），短辺が半径（r）なので，面積は πr^2 となる．

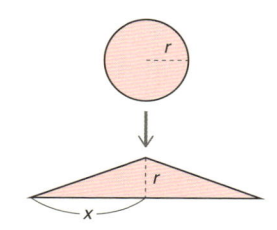

例題 1 半径 r の円の面積を，高さが r の直角三角形二つから成る二等辺三角形に直したとき，直角三角形の底辺の長さ x はどう求められるだろうか．
〔答：πr〕

20・2 関数のグラフとその面積

三角形の面積は，§20・1で述べたように，底辺×高さで得られる平行四辺形の面積の半分となる．もう一つの考え方として，図のような，$y=2x$ と x 軸，お

および直線 $x=2$ に挟まれた部分の面積を求める方法が考えられる．

この部分の面積 $S_{\text{三角形}}$ は三角形の面積を求める式より，

$$S_{\text{三角形}} = \frac{1}{2} \cdot 2 \cdot 4 = 4$$

$x=2, y=f(2)=4$ で囲まれた長方形の面積 $S_{\text{長方形}1}$ は，

$$S_{\text{長方形}1} = \Delta x \times f(x) = 2 \times 4 = 8$$

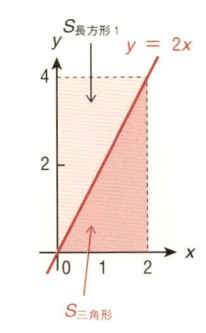

$S_{\text{三角形}}$ と $S_{\text{長方形}1}$ には2倍の違いがある．そこで，$x=1$ で二つの長方形に区切り（$\Delta x=1$），それぞれの面積を $S_{\text{長方形}2}$, $S_{\text{長方形}3}$ に分けてみる．

$$S_{\text{長方形}2} = \Delta x \times f(x) = 1 \times f(1) = 1 \times 2 = 2$$
$$S_{\text{長方形}3} = \Delta x \times f(x) = 1 \times f(2) = 1 \times 4 = 4$$
$$S_{\text{長方形}2} + S_{\text{長方形}3} = 2 + 4 = 6$$

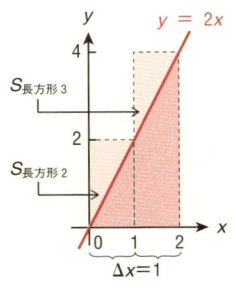

長方形を二つに分けることで三角形の真の面積に近づいた．さらに，x を細かく（$\Delta x=0.5$）して長方形を分けてみる．

$S_{\text{長方形}4} = 0.5 \times f(0.5) = 0.5 \times 1 = 0.5$　$S_{\text{長方形}5} = 0.5 \times f(1) = 0.5 \times 2 = 1$
$S_{\text{長方形}6} = 0.5 \times f(1.5) = 0.5 \times 3 = 1.5$　$S_{\text{長方形}7} = 0.5 \times f(2) = 0.5 \times 4 = 2$
$S_{\text{長方形}4} + S_{\text{長方形}5} + S_{\text{長方形}6} + S_{\text{長方形}7} = 0.5 + 1 + 1.5 + 2 = 5$

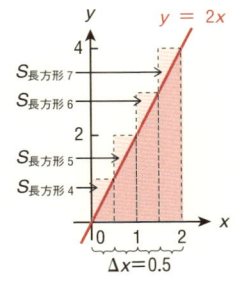

また少し，真の三角形の面積に近づいた．この結果から，分ける長方形の数を多くすれば（Δx を小さくすれば），真の三角形の面積に近づくことが推察される．これが**区分求積法**（☞ 第21章，定積分）の基本である．

区分求積の考え方を，簡単には求められそうにない二次関数 $y=x^2$ のグラフと x 軸，直線 $x=2$ で囲まれた部分の面積を求める方法でさらに深めていこう．

$y=x^2$ のグラフにおいて，区間 $0 \leqq x \leqq 2$ を10等分し，左から1番目の小区間を底辺とし高さを $f(0.2)=0.2^2$ とする長方形の面積を S_1，左から2番目の小区間を底辺とし高さを $f(0.4)=0.4^2$ とする長方形の面積を S_2, $\cdots$, 左から10番目の小区間を底辺とし高さを 2.0^2 とする長方形の面積を S_{10} とすれば，これら10個の長方形の面積の総和 S はつぎの式になる．

$$\begin{aligned} S &= S_1 + S_2 + \cdots + S_{10} \\ &= 0.2(0.2^2 + 0.4^2 + \cdots + 2.0^2) \\ &= 0.2\left\{\left(\frac{1}{5}\right)^2 + \left(\frac{2}{5}\right)^2 + \cdots + \left(\frac{10}{5}\right)^2\right\} \\ &= \frac{0.2}{25}(1^2 + 2^2 + \cdots + 10^2) \\ &= \frac{0.2}{25} \cdot \frac{1}{6} \cdot 10 \cdot 11 \cdot 21 = \frac{77}{25} = 3.08 \end{aligned}$$

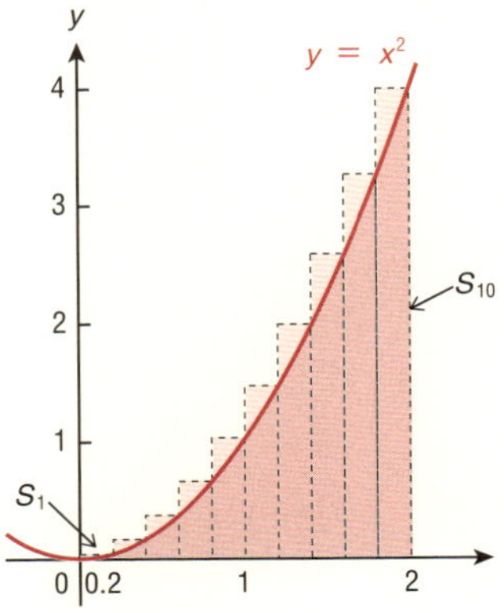

なお，この計算では数列の和を求める式（☞ 欄外）を用いている．

同じ区間 $0 \leqq x \leqq 2$ を，今度は100等分し100個の小さい区間をとり，左から1番目の小区間を底辺，高さを 0.02^2 とする長方形の面積を S_1, $\cdots$, 左から100番目の小区間を底辺，高さを 2.00^2 とする長方形の面積を S_{100} とすれば，これら

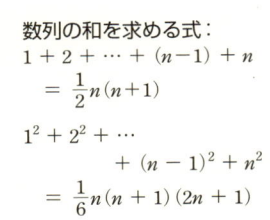

数列の和を求める式：
$1 + 2 + \cdots + (n-1) + n$
$= \frac{1}{2}n(n+1)$

$1^2 + 2^2 + \cdots + (n-1)^2 + n^2$
$= \frac{1}{6}n(n+1)(2n+1)$

100 個の長方形の面積の総和 S はつぎの式になる.

$$\begin{aligned}
S &= S_1 + S_2 + \cdots + S_{100} \\
&= 0.02(0.02^2 + 0.04^2 + \cdots + 2.00^2) \\
&= 0.02\left\{\left(\frac{1}{50}\right)^2 + \left(\frac{2}{50}\right)^2 + \cdots + \left(\frac{100}{50}\right)^2\right\} \\
&= \frac{0.02}{50^2}(1^2 + 2^2 + \cdots + 100^2) \\
&= \frac{0.02}{50^2} \cdot \frac{1}{6} \cdot 100 \cdot 101 \cdot 201 = 2.7068
\end{aligned}$$

100 個の場合の計算手順も 10 個の場合とほとんど変わらないが,結果は 2.7068 となり,10 等分の場合よりも減少する.このように,小区間の個数を 10 個から 100 個に増やすと曲線下の面積 $\frac{8}{3} = 2.6666\cdots$ に近づく.$\frac{8}{3}$ の求め方については §21・1 で考えよう.

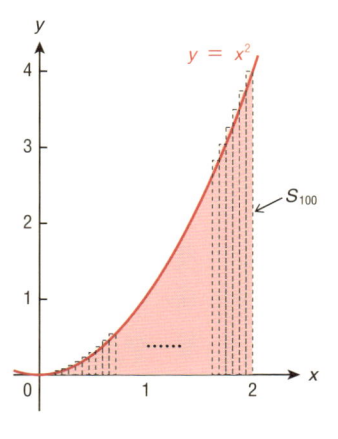

例題 2 数列の和について,つぎの値を求めなさい.
(1) $S_{10} = 2 + 4 + 6 + \cdots + 20$
(2) $T_{12} = 1^2 + 2^2 + 3^2 + \cdots + 12^2$

〔答:(1) 110;(2) 650〕

練習問題

1. $y = x^2$ のグラフで $0 \leqq x \leqq 2$ の区間を 1000 等分したときの長方形の面積の総和はどうなるか.

2. 二次関数 $f(x) = x^2$ のグラフと x 軸,$x = 4$ で囲まれた部分の面積を,$0 \leqq x \leqq 4$ を 10 等分,10 個の区間を底辺とする小長方形の面積の総和から求めなさい.

第21章 定 積 分

到達目標 前章で学んだ区分求積の考え方をもとに，区分求積法が定積分そのものであることを理解し，グラフの曲線下の面積を確実に求められるようにしよう．

考えてみよう $y=x^2$ のグラフと x 軸，直線 $x=2$ で囲まれる部分の面積を区分求積法で求めるとき，$0 \leqq x \leqq 2$ を100等分し，各小区間を底辺とする □ をつくり，その面積の □ でグラフの曲線下の面積を近似した．□ に言葉を入れなさい．

〔答：順に，長方形；総和〕

21・1 区分求積法への極限の導入

$y=f(x)=x^2$ のグラフ（放物線）と x 軸，$x=2$ で囲まれた部分の面積の真の値を求めるために，極限の考え方を導入しよう[*1]．

① 区間 $0 \leqq x \leqq 2$ を n 等分し，各小区間を底辺とし放物線までの高さの小長方形をつくる．
② 小さい長方形の面積の和を S_n とし，S_n を n の式で表す．

$$S_n = \frac{2}{n}\left(\frac{2}{n}\right)^2 + \frac{2}{n}\left(\frac{4}{n}\right)^2 + \cdots + \frac{2}{n}\left(\frac{2n}{n}\right)^2$$
$$= \frac{8}{n^3}(1^2 + 2^2 + \cdots + n^2)$$
$$= \frac{8}{6n^2}(n+1)(2n+1)$$

③ 正確な面積を S として，S_n の極限値（☞ 第17章）を求める（n を無限大にすればよい）[*2]．

$$S = \lim_{n\to\infty} S_n = \frac{4}{3} \lim_{n\to\infty} \frac{(n+1)(2n+1)}{n^2}$$
$$= \frac{4}{3} \lim_{n\to\infty} \left(1+\frac{1}{n}\right)\left(2+\frac{1}{n}\right) = \frac{8}{3}$$

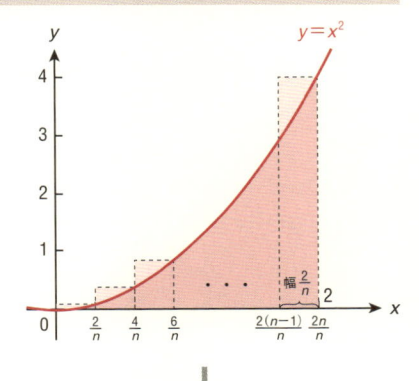

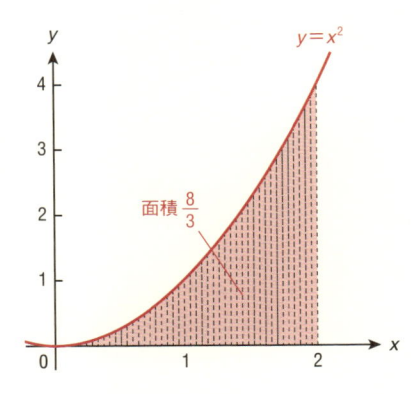

[*1] 第20章では，$y=f(x)=x^2$ の区間 $0 \leqq x \leqq 2$ の面積を，その区間を10等分あるいは100等分し，それを底辺とする小さい長方形を10個あるいは100個つくりその総和で近似して求めた．その結果，区間を細かく区切った方が真の値に近づくことがわかった．

[*2] $\dfrac{(n+1)(2n+1)}{n^2}$
$= \dfrac{n+1}{n} \cdot \dfrac{2n+1}{n}$
$= \left(1+\dfrac{1}{n}\right)\left(2+\dfrac{1}{n}\right)$

$n\to\infty$ としたときに $1/n \to 0$ になることを意識した変形．

例題 1 $y=x^2$ のグラフと x 軸，$x=3$ で囲まれた部分の面積 S を求める手順について，下の □ に数または n の式を入れなさい．

区間 $0 \leqq x \leqq 3$ を n 等分した小区間を底辺，$y=x^2$ のグラフで囲まれる部分の面積を S_n とするとき，

$$S_n = \frac{\Box}{n}\left(\frac{3}{\Box}\right)^2 + \frac{\Box}{n}\left(\frac{6}{\Box}\right)^2 + \cdots + \frac{\Box}{n}\left(\frac{3n}{\Box}\right)^2 = \frac{\Box}{n^\Box}\frac{1}{6}n(n+1)(2n+1)$$

$$S = \lim_{n\to\infty} S_n = \lim_{n\to\infty} \frac{\Box}{\Box}\left(1+\frac{1}{n}\right)\left(2+\frac{1}{n}\right) = \Box \text{ が成り立つ．}$$

〔答：順に，3；n；3；n；3；n；27；3；27；6；9〕

21・2 区分求積と定積分

関数 $y=f(x)=x^2$ のグラフと x 軸, 直線 $x=2$ で囲まれた部分の面積 S を区分求積法で求め, 関数 $f(x)>0$, 区間 $a \leqq x \leqq b$ に広げたときの表し方について考える.

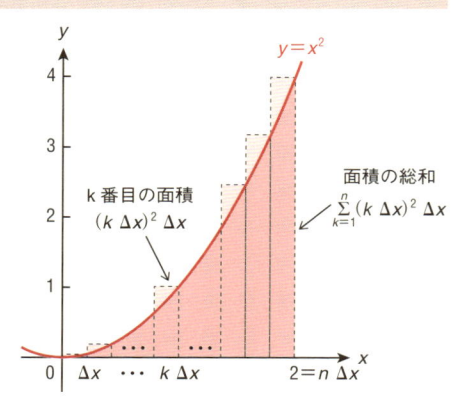

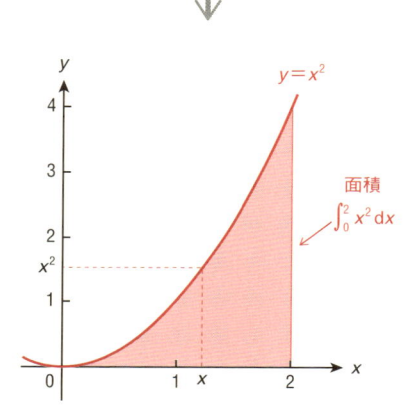

① $y=x^2$, $0 \leqq x \leqq 2$ の場合: 区間 $0 \leqq x \leqq 2$ を n 等分する小区間の幅 $\dfrac{2}{n}$ を Δx とおき, 第 k 番目の小長方形の高さを $(k\,\Delta x)^2$ とすれば, その面積は $(k\,\Delta x)^2 \cdot \Delta x$ となり, n 個の長方形の和を S_n とすれば次式になる[*1].

*1 Σ 記号は, 変数 k について, $1(k=1)$ から $n(k=n)$ までの Σ 以降の式の総和をとりなさい, という意味の記号.

$$\begin{aligned}
S_n &= \left\{\left(\frac{2}{n}\right)^2 + \left(\frac{4}{n}\right)^2 + \cdots + \left(\frac{2n}{n}\right)^2\right\}\frac{2}{n} \\
&= \{(\Delta x)^2 + (2\,\Delta x)^2 + \cdots \\
&\qquad\qquad + (n\,\Delta x)^2\}\Delta x \\
&= \sum_{k=1}^{n}(k\,\Delta x)^2 \Delta x
\end{aligned}$$

正確な面積 S は $n \to \infty$ の極限値として求められる.

$$S = \lim_{n \to \infty} S_n = \lim_{n \to \infty} \sum_{k=1}^{n}(k\,\Delta x)^2 \Delta x$$

*2 $\sum_{k=1}^{n}(k\,\Delta x)^2 \Delta x \;\left(\Delta x = \dfrac{2-0}{n}\right) \;\longrightarrow\; \int_0^2 x^2\,dx$

$n \to \infty (\Delta x \to 0)$ のとき, Σ を $\int$ 記号, Δx を dx, k 番目の長方形の高さ $(k\,\Delta x)^2$ を x^2 (関数 $f(x)$ の値) と代えて面積を $\int_0^2 x^2\,dx$ と表し[*2], この式を関数 $f(x)=x^2$ の 0 から 2 までの **定積分**, 0 を **下端**, 2 を **上端**, x^2 を **被積分関数** という.

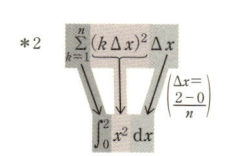

② $y=f(x)$, $a \leqq x \leqq b$ の場合: 関数 x^2 の代わりに連続 (グラフがひとつながり) な関数 $f(x)$ を考え, $f(x)$ の $a \leqq x \leqq b$ の区間の定積分を求める. 関数 $y=f(x) > 0$ のグラフと x 軸, 直線 $x=a$, $x=b$ で囲まれた部分の面積を S とし, 区間 $a \leqq x \leqq b$ を n 等分する小区間の幅 $(b-a)/n$ を Δx, $x_k = a + k\,\Delta x$ とおけば, 第 k 番目の小長方形の面積は $\Delta x\, f(x_k)$ となるから, それら n 個の和 S_n は次式で表される.

$$S_n = f(x_1)\,\Delta x + f(x_2)\,\Delta x + \cdots + f(x_n)\,\Delta x = \sum_{k=1}^{n} f(x_k)\,\Delta x$$

$$\text{ただし,}\quad \Delta x = \frac{b-a}{n},\; x_k = a + k\,\Delta x$$

*3 $\sum_{k=1}^{n} f(x_k)\,\Delta x \;\left(\Delta x = \dfrac{b-a}{n}\right) \;\longrightarrow\; \int_a^b f(x)\,dx$

n を限りなく大きくした極限をとれば, 関数 $f(x)$ の a から b までの定積分が得られる[*3].

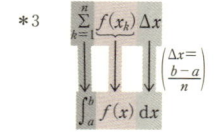

$$\lim_{n\to\infty}\sum_{k=1}^{n}f(x_k)\Delta x = \int_a^b f(x)\,dx \qquad ただし,\ \Delta x = \frac{b-a}{n},\ x_k = a + k\Delta x$$

この式は区分求積法が一般の関数にも適用できることを示した点で重要であるが,この式をもとに $\int_0^x x^5\,dx$ などの定積分の計算を実際に行うのは非現実的である[*1].実際の種々の関数の定積分は,第22章の不定積分を利用した方法で行う.

[*1] $y=x$, $y=x^2$ 以外の関数では,総和を簡単に表す式がないので,区分求積法による定積分は困難である.

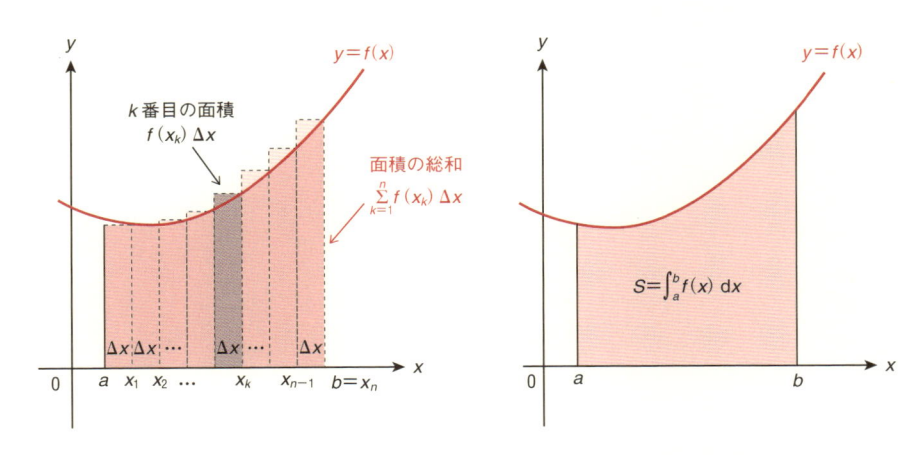

例題 2 定積分 $\int_0^2 x\,dx$ は $y=\Box$ のグラフと x 軸,直線 $x=\Box$ に囲まれた部分の面積である.□ に数または式を入れなさい.

〔答:順に,x;2〕

21・3 定積分の基本的な性質

関数 $f(x)$ の a から b までの定積分 $\int_a^b f(x)\,dx$ は,$y=f(x)$ のグラフと x 軸,直線 $x=a$,$x=b$ で囲まれた部分の面積〔ただし,$f(x)<0$ の部分は $(-1)\times$(面積の値)〕となることから,つぎの性質が導かれる.

① 実数倍: $\int_a^b kf(x)\,dx = k\int_a^b f(x)\,dx$

② 和・差: $\int_a^b \{f(x) \pm g(x)\}\,dx = \int_a^b f(x)\,dx \pm \int_a^b g(x)\,dx$ (複号同順[*2])

  例[*3]:$\int_1^2 (3x-1)\,dx = 3\int_1^2 x\,dx - \int_1^2 dx$

③ 上端=下端: $\int_a^a f(x)\,dx = 0$ (面積が0)

④ 上端と下端の入れ替え: $\int_a^b f(x)\,dx = -\int_b^a f(x)\,dx$

  例:$\int_0^1 x^2\,dx = -\int_1^0 x^2\,dx = \frac{1}{3}$

⑤ 面積の和: $\int_a^b f(x)\,dx + \int_b^c f(x)\,dx = \int_a^c f(x)\,dx$

  例:$\int_1^2 x^2\,dx = \int_1^0 x^2\,dx + \int_0^2 x^2\,dx = -\int_0^1 x^2\,dx + \int_0^2 x^2\,dx$
  $= -\frac{1}{3} + \frac{8}{3} = \frac{7}{3}$

[*2] 式中に複数の複号($\pm$)が使われているとき,複号は上から同じ順序に使うという意味.

[*3] $\int_1^2 1\,dx$ は $\int_1^2 dx$ と表す.

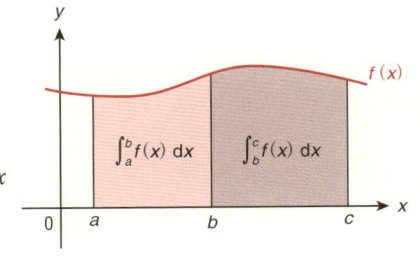

練習問題

1. つぎの定積分の値を求めなさい．

(1) $\int_2^2 x^2\,dx$ 　　(2) $\int_2^0 x^2\,dx$ 　　(3) $\int_1^2 x\,dx$

第22章 不定積分

到達目標　関数 $f(x)$ から導関数 $f'(x)$ を求めた計算の逆演算としての不定積分の意味を理解し，x^3, e^x, $\sin x$ などの不定積分を求め，それらを利用して定積分の計算をうまくできるようにしよう．

考えてみよう　x^2 の導関数は何か，また，何を微分すると x^2 になるか．　〔答：$2x$, $\frac{1}{3}x^3+1$ など〕

22・1　面積の関数

§21・1 では，$f(x)=x^2$ のグラフと x 軸，$x=2$ で囲まれた部分の面積を $\int_0^2 x^2\,dx$ と表し，その値 $\frac{8}{3}$ を区分求積法で求めた．

$$\int_0^2 x^2\,dx = \lim_{n\to\infty}\left\{\left(\frac{2}{n}\right)^2+\left(\frac{4}{n}\right)^2+\cdots+\left(\frac{2n}{n}\right)^2\right\}\frac{2}{n}$$

しかし，他の被積分関数でこのような計算をするのは難しいので，前章で予告した通り本章では別の方法で考えよう．

関数 $f(x)=x^2$ の曲線と x 軸，直線 $x=1$, $x=t$ で囲まれた部分の面積を $S(t)$ とする．小さい正の数 h を幅にとり[*1]，$f(x)=x^2$ の曲線，x 軸，直線 $x=t$, $x=t+h$ に囲まれた部分（下図の　　　）の面積は，$S(t+h)-S(t)$ となるが，長方形の面積と大小を比べてつぎの不等式が成り立つ．

$$h\cdot t^2 < S(t+h)-S(t) < h\cdot (t+h)^2$$

各辺を h で割って，

$$t^2 < \frac{S(t+h)-S(t)}{h} < (t+h)^2$$

h を限りなく小さくしたときの極限値は，等号が付いて

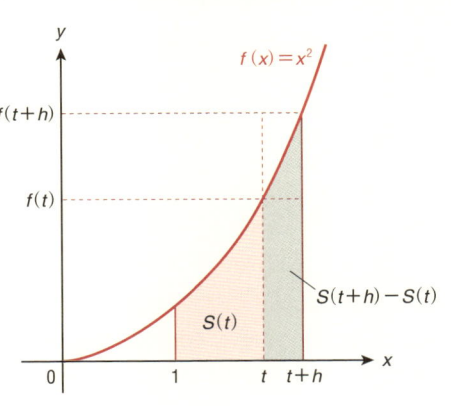

$$\lim_{h\to 0} t^2 \leqq \lim_{h\to 0}\frac{S(t+h)-S(t)}{h} \leqq \lim_{h\to 0}(t+h)^2$$

$$t^2 \leqq S'(t) \leqq t^2 \quad \text{から} \quad S'(t)=t^2$$

$S(t)$ を微分して t^2 になるから（☞ §17・3），その関数の一つは C を定数として $S(t)=\frac{1}{3}t^3+C$ と表せる[*2]．$t=1$ とおいたとき $S(1)$ は $1\leqq x\leqq 1$ の面積になり，その値は 0 になるから $S(1)=\frac{1}{3}+C=0$ となる．したがって，定数 $C=-\frac{1}{3}$ となり，$S(t)=\frac{1}{3}t^3-\frac{1}{3}$ が成り立つ．t を x に代えれば下式となる[*3]．

$$S(x)=\frac{1}{3}x^3-\frac{1}{3}$$

[*1] ここまでは幅を Δx で表した．ここでは変数は t なので本来は Δt とすべきだが h を用いた．

[*2] 定数 C は無数に取ることができる．定数 C の決定方法は，第24, 25章の微分方程式の解法につながる．

[*3] 念のため，
$$S(x)=\frac{1}{3}x^3-\frac{1}{3}$$
を x で微分すれば，
$$\frac{d}{dx}S(x)=x^2=f(x)$$
となることが確かめられる．

微分の復習：
$$x^3 \to 3x^2$$
$$\tfrac{1}{3}x^3 \to x^2$$
$$e^x \to e^x$$

一般に，連続な関数 $y=f(x)>0$ のグラフを考えるとき，この関数のグラフと x 軸，直線 $x=a$, $x=t$ (a は定数)で囲まれた部分の面積を関数 $S(t)$ で表せば，次式が成り立つ．

$$\frac{d}{dt}S(t) = f(t) \quad \text{つまり} \quad \frac{d}{dx}S(x) = f(x)$$

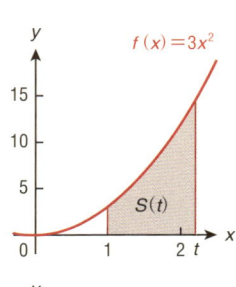

・例1：$f(x)=3x^2$ のグラフと x 軸，直線 $x=1$, $x=t$ で囲まれた部分の面積を関数 $S(t)$ として，

$$\frac{d}{dt}S(t) = f(t) = 3t^2 \quad \text{つまり} \quad \frac{d}{dx}S(x) = f(x) = 3x^2, \quad \text{よって} \quad S(x) = x^3 + C$$

ここで，$1 \leq x \leq 1$ の面積 $S(1)=1+C=0$ から $C=-1$，したがって $S(x)=x^3-1$

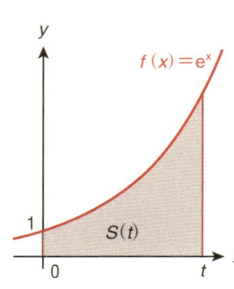

・例2：$f(x)=e^x$ のグラフと x 軸，直線 $x=0$, $x=t$ で囲まれた部分の面積を関数 $S(t)$ として，

$$\frac{d}{dt}S(t) = f(t) = e^t \quad \text{つまり} \quad \frac{d}{dx}S(x) = f(x) = e^x, \quad \text{よって} \quad S(x) = e^x + C$$

ここで，$0 \leq x \leq 0$ の面積 $S(0)=e^0+C=0$ から $C=-e^0=-1$，したがって $S(x)=e^x-1$

例題 1 つぎの □ に式または数値を入れなさい．
$f(x)=2x$ のグラフと x 軸，直線 $x=1$, $x=t$ で囲まれた部分の面積を関数 $S(t)$ として，

$$\frac{d}{dt}S(t) = f(t) = \square \quad \text{つまり} \quad \frac{d}{dx}S(x) = \square = \square, \quad \text{よって} \quad S(x) = x^2 + C$$

ここで，$1 \leq x \leq 1$ の面積 $S(1)= \square +C=0$ から $C= \square$，したがって $S(x)= \square - \square$

〔答：順に，$2t$; $f(x)$; $2x$; $1(1^2)$; -1; x^2; 1〕

積分：
$$x^3 + C \leftarrow 3x^2$$
$$\tfrac{1}{3}x^3 + C \leftarrow x^2$$
$$e^x + C \leftarrow e^x$$

22・2 不定積分

前節で，関数 $f(x)=x^2$ のグラフと x 軸，直線 $x=1$, $x=t$ で囲まれた部分の面積を $S(t)$ としたとき，$S'(t)=t^2$，つまり $S'(x)=x^2$ になり，面積 $S(x)$ の導関数がもとの関数 $f(x)$ になっていることがわかった．この考えを発展させ，他の関数について，その導関数が $f(x)$ になる関数を考えてみよう．

一般に，ある関数 $F(x)$ の導関数が $f(x)$ のとき，$F(x)$ を $f(x)$ の**原始関数**という．前節の場合，$\tfrac{1}{3}x^3 - \tfrac{1}{3}$ は x^2 の原始関数になっている．しかし，x^2 の原始関数は下のように定数の違いだけ無数にある．

$$\tfrac{1}{3}x^3, \quad \tfrac{1}{3}x^3+1, \quad \tfrac{1}{3}x^3-1, \quad \tfrac{1}{3}x^3+\tfrac{1}{2}, \quad \cdots$$

不定積分は集合で原始関数はその要素：たとえば，$\tfrac{1}{3}x^3-\tfrac{1}{3}$ は x^2 の原始関数で，それは $\int x^2\,dx$ の一つの要素である．

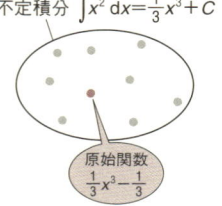

不定積分 $\int x^2\,dx = \tfrac{1}{3}x^3 + C$

そのため，定数 C を使い x^2 の原始関数全体を $\tfrac{1}{3}x^3 + C$ と表し，x^2 の**不定積分**という．定数 C を**積分定数**という．一般に関数 $f(x)$ の不定積分を $\int f(x)\,dx$ と表す．

例題 2 つぎの □ に数あるいは式を入れなさい．
関数 $y=2x$ の不定積分は $\int \square \, dx$ と表す．x^2 を微分すると $2x$ だから，この不定積分は $\square + \square$ になる（C は積分定数）．$x=1$ のとき $F(x)=2$ となる場合の原始関数は □ である．

〔答：順に，$2x$; x^2; C; x^2+1〕

22・3 種々の関数の原始関数

原始関数 $F(x)$ とその導関数 $f(x)$ の関係は下のように表せる.

$$\text{原始関数 } F(x) \xrightleftharpoons[\text{(不定)積分}]{\text{微 分}} \text{導関数 } f(x)$$

したがって，ある関数の原始関数を見つける作業＝不定積分を行うには，微分した関数の微分する前の関数がわかればよい．おもな関数の原始関数を下に記す[*1].

*1 複雑な関数の不定積分は，置換積分や部分積分で対応できる．その詳細は章末に発展として記した．

+POINT+

関　数	$x^n (n \neq -1)$	$\dfrac{1}{x}$	e^x	$\sin x$	$\cos x$
原始関数[†]	$\dfrac{1}{n+1}x^{n+1}$	$\ln x$	e^x	$-\cos x$	$\sin x$
原始関数を微分すると	$\dfrac{n+1}{n+1}x^n = x^n$	$\dfrac{1}{x}$	e^x	$-(-\sin x) = \sin x$	$\cos x$

† 積分定数 C は省略してある．

22・4 不定積分を使った定積分

被積分関数と原始関数の関係がわかれば，不定積分を利用した定積分を行うことができる．

$$\text{不定積分：} \int f(x)\,dx \;\to\; F(x)+C$$

不定積分に，積分する区間を表す添え字 (a,b) を下端，上端として付すと，定積分になる．実際の計算は不定積分で得られる原始関数 $F(x)$ に $x=b$ と $x=a$ を代入し，その差を取ればよい[*2].

*2 積分定数は不明であっても，同じ原始関数なので，$F(b)-F(a)$ でキャンセルされる．

$$\text{定積分：} \int_a^b f(x)\,dx \longrightarrow (F(b)+C)-(F(a)+C) = F(b)-F(a)$$

$$\int_a^b f(x)\,dx = [F(x)]_a^b = F(b)-F(a)$$

22・5 不定積分の基本的な性質

§21・3 の定積分の基本的な性質は，そのまま不定積分の基本的な性質になる．

① 実数倍： $\displaystyle\int kf(x)\,dx = k\int f(x)\,dx$

② 和・差： $\displaystyle\int \{f(x) \pm g(x)\}dx = \int f(x)\,dx \pm \int g(x)\,dx$ （複号同順）

例題 3 つぎの関数 $f(x)$ の不定積分を行い，原始関数 $F(x)$ を求めなさい．

(1) $f(x) = x$ 　　(2) $f(x) = \sqrt{x}$ 　　(3) $f(x) = \dfrac{100}{x}$

(4) $f(x) = x + \dfrac{1}{x} + e^x$ 　　(5) $f(x) = \dfrac{1}{\sqrt{x}} + \dfrac{1}{x^2}$

〔答： (1) $\dfrac{1}{2}x^2 + C$; (2) $\dfrac{2}{3}x\sqrt{x} + C$; (3) $100\ln x + C$; (4) $\dfrac{1}{2}x^2 + \ln x + e^x + C$; (5) $2\sqrt{x} - \dfrac{1}{x} + C$〕

練 習 問 題

1. $f(x)=\sin x$ のグラフと x 軸，直線 $x=0$，$x=t$ で囲まれた部分の面積を関数 $S(t)$ で表すとき，つぎの □ に式を入れなさい.

$\dfrac{d}{dt}S(t) = \square$ つまり $\dfrac{d}{dx}S(x) = \square$，よって $S(x) = \int \square\, dx = \square + C$ となる.

ここで，$S(0)=0$ になるから $C=\square$ となり，結局 $S(x)=\square$ となる.

発展 置換積分と部分積分

§18・3 で示した通り，合成関数の微分を使うことでいろいろな関数の微分ができる．微分と不定積分は密接に関連しているので，少々複雑な関数の不定積分も，合成関数の考えを使い対応できる．

a. 置換積分　　$(2x+1)^3$ の不定積分は，展開式として積分する方法でもよいが，**置換積分**を使うことでも簡単に求まる．その手順はつぎの通りである．

① $2x+1=t$ とおく：

不定積分を表す式は $S(x) = \int t^3\, dx$ となる.

② $\int t^3\, dx$ を $\int \square\, dt$ の形に直す：

$2x+1 = t$ から $x = \dfrac{1}{2}(t-1)$ とし，両辺を t で微分すれば
$\dfrac{dx}{dt} = \dfrac{1}{2}$ になるから，$dx = \dfrac{1}{2}dt$

③ $\int t^3 \dfrac{1}{2}\, dt$ を積分し，得られた原始関数の中の t を $2x+1$ に直す：

$\int t^3\, dx = \int t^3 \dfrac{1}{2}\, dt = \dfrac{1}{2}\int t^3\, dt = \dfrac{1}{8}t^4 + C = \dfrac{1}{8}(2x+1)^4 + C$

少し難易度を上げて，$\int \sin\!\left(3x-\dfrac{\pi}{4}\right) dx$ を置換積分で求めてみよう.

$3x - \dfrac{\pi}{4} = t$ とおけば $x = \dfrac{1}{3}\!\left(t+\dfrac{\pi}{4}\right)$ となり，$\dfrac{dx}{dt} = \dfrac{1}{3}$ から $dx = \dfrac{1}{3}dt$

よって，

$\int \sin\!\left(3x - \dfrac{\pi}{4}\right) dx = \int \sin t \cdot \dfrac{1}{3}\, dt = -\dfrac{1}{3}\cos t + C = -\dfrac{1}{3}\cos\!\left(3x - \dfrac{\pi}{4}\right) + C$

発展問題 1　　$\int (3x-1)^4\, dx$ を置換積分で求めるとき，つぎの □ に数または式を入れなさい.

$3x-1=t$ とおけば $x=\square$ となり，$dx=\square\, dt$ を当てはめると，

$\int (3x-1)^4\, dx = \int \square\, dt = \dfrac{1}{\square}t^5 + C = \dfrac{1}{\square}(\square)^5 + C$

b. 部分積分　　たとえば，$x \cdot \cos x$ や $x \cdot e^x$ を，次式に当てはめて積分する方法を**部分積分法**という．この方法は積で表された関数を積分するときに便利な方法である．

$$\int f'(x)g(x)\,dx = f(x) \cdot g(x) - \int f(x)g'(x)\,dx$$

二つの関数 $f(x)$, $g(x)$ の積の微分 $\{f(x) \cdot g(x)\}' = f'(x)g(x) + f(x)g'(x)$ （☞ §18・2）を変形すると $f'(x)g(x) = \{f(x) \cdot g(x)\}' - f(x)g'(x)$ となるので，各項の不定積分をとれば得られる．

$x \cdot \cos x$ の不定積分 $\int x \cdot \cos x\,dx$ は，上式で $f'(x) = \cos x$, $g(x) = x$ とおいて下のように求める．

$$\int \underbrace{x}_{g(x)} \cdot \underbrace{\cos x}_{f'(x)}\,dx = x \cdot \sin x - \int \underbrace{1}_{g'(x)} \cdot \underbrace{\sin x}_{f(x)}\,dx = x \cdot \sin x + \cos x + C$$

同様に $x\,e^x$ の不定積分は，

$$\int \underbrace{x}_{g(x)} \cdot \underbrace{e^x}_{f'(x)}\,dx = x \cdot e^x - \int \underbrace{1}_{g'(x)} \cdot \underbrace{e^x}_{f(x)}\,dx = x \cdot e^x - e^x + C$$

となる．

部分積分法を念頭におき，被積分関数に積極的に 1 を補って不定積分を行うこともある．たとえば $\ln x$ の積分は，$\ln x = 1 \cdot \ln x$ と考え，部分積分を使うことで $x \cdot \ln x - x + C$ と求めることができる（☞ 発展問題 2）．

発展問題 2　$\int \ln x\,dx$ を部分積分を使って求めるとき，つぎの □ に式を入れなさい．
$\int f'(x)g(x)\,dx = f(x) \cdot g(x) - \int f(x)g'(x)\,dx$ において，
$f(x) = \Box$, $g(x) = \Box$, $f'(x) = \Box$, $g'(x) = \Box$

第23章 多変数関数と偏微分

到達目標 ある物質の質量 z をモル質量 x〔g mol^{-1}〕と物質量 y モル〔mol〕の積で表した（$z=xy$）ような関数を多変数関数という．本章では個々の変数を調べて多変数関数のふるまいを理解し，多変数関数の微分には偏微分と全微分があることを知っておこう．

薬学とのつながり 物理化学などで学ぶ理想気体の状態方程式は（体積）＝k（温度）/（圧力）という多変数関数（k は比例定数）であり，圧力を一定にすることで（体積）＝k'（温度）という，温度の一次関数（体積は温度に比例；k' は k を圧力で割った新たな比例定数）になる．

考えてみよう （体積）＝k（温度）/（圧力）で温度を一定にしたとき，体積は圧力のどんな関数になるだろうか．
〔答：体積と圧力の積は一定値になる（反比例の関係；ボイルの法則）〕

23・1 多変数関数

日常生活を行っている圧力（p）と温度（T）付近（常温・常圧）では，気体の状態は，理想気体の状態方程式[*1] $pV=nRT$ で表すことができる．この p, V, n, T のうち二つを固定する[*2]（定数にする）と，一つの独立変数と一つの従属変数の関係に簡略化される．たとえば n を 1 mol，p を 1 気圧に固定すれば，V と T の比例関係〔$V=(nR/p)T=RT$，シャルルの法則〕が得られる．

気体を取囲んでいる周りの圧力が，気体の圧力よりも小さくなると，気体は膨らむ．膨らむことで気体は周りに対して仕事 w をする．仕事の大きさは $w=-\int p_\text{周囲}\,dV$ で求めることができる[*3]．

① 周りの圧力と気体の圧力が大きく異なる場合（周りの圧力が定数とみなせる）：

$$w = -\int p_\text{周囲}\,dV = -p_\text{周囲}\int dV = -p_\text{周囲}\,\Delta V \quad (\Delta V = V_\text{膨張後} - V_\text{膨張前})$$

② 周りの圧力と気体の圧力がほとんど同じ場合（周りの圧力が徐々に変化する）：

$$w = -\int p_\text{周囲}\,dV \text{ で，} p_\text{周囲} = p_\text{気体}.$$

$p_\text{気体}$ には理想気体の状態方程式が成り立ち，$p_\text{気体} = \dfrac{nRT}{V}$

$$w = -\int p_\text{周囲}\,dV = -\int \frac{nRT}{V}\,dV = -nRT\int \frac{1}{V}\,dV = -nRT \ln \frac{V_\text{膨張後}}{V_\text{膨張前}}$$

① と ② では値が異なる．多変数関数は，条件次第で得られる結果が異なるので，微分や積分を行うときに注意する必要がある[*4]．

例題 1 $pV=nRT$ で $R=8.31\ \text{J K}^{-1}\text{mol}^{-1}$，$n=1.00\ \text{mol}$，$T=300\ \text{K}$ のとき，V を p の関数で表しなさい．

〔答：$V=(2.49\times 10^3)/p$〕

[*1] V は体積，n は物質量であり，p, T と同じく変数で，R のみが定数（気体定数）．

[*2] n と p を固定するというのは，たとえば，"1 mol，1 気圧の気体" とすることである．

[*3] 仕事は力を距離で積分すると得られる．ここで力を面積当たりの力（圧力）に置き換えると，力×距離＝（力÷面積）×面積×距離＝圧力×体積〔面積×距離は体積と同じ単位（m³）になる〕から，圧力を体積で積分しても仕事になる．

[*4] 多変数関数では，定数と変数の区別をつけること，および変数が定数とみなせる条件を的確に見つけだすことが大切である．

23・2 偏微分の意味

$pV=nRT$ で $n=1$ のときに p と V がともに変化する場合，$T=f(p,V)$ という多変数関数になる．p か V のどちらか一方の決定では，T の値は確定しない．このような関数はどのような特徴をもつだろうか．

x, y を独立変数とする多変数関数 $z=f(x,y)$ は x, y の両方に依存する[*1]ため，x 単独での依存状態，y 単独での依存状態を調べる必要がある．たとえば，3次元空間の平面を表す関数 $z=-2x-y+4$ は，x, y の両方に依存する．ここで x 単独での依存状態を調べるため $y=0, 1, 2$ としてみるとつぎのようになり，他の場合も，直線の傾きは -2 で変わらない．

　　　$y=0$ のとき，直線 $z=-2x+4$ 　　　$y=1$ のとき，直線 $z=-2x+3$
　　　$y=2$ のとき，直線 $z=-2x+2$

y を一定にしたとき，x が 1 増えるたびに z が 2 減ることがわかる．このことは，$z=-2x-y+4$ において，y を定数とみて z を x で微分すると結果が -2 になることで容易に求められる．

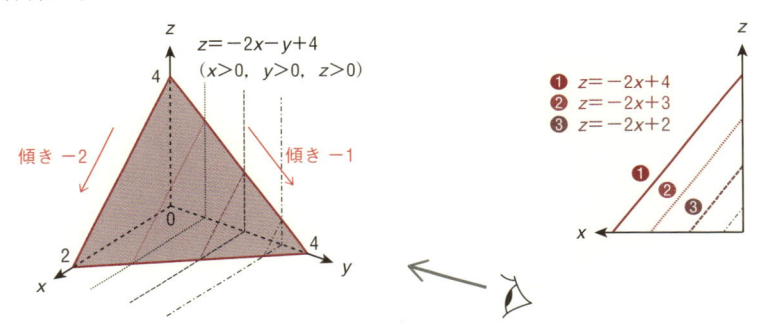

[*1] x, y が変化すると z の値が変化することを，z は x, y に依存するという．

y 単独での依存状態についても同様に，$z=-2x-y+4$ において x を定数とみて z を y で微分すると -1 となる結果から求まる．これらの計算では，**変数 x で微分したか，y で微分したかをはっきりさせる必要がある**[*2]．

23・3 偏微分と偏導関数

関数 $z=f(x,y)$ において，x 単独での動きを調べるには，y を定数とおき z を x の1変数関数と見て微分する．これを**偏微分**するという．偏微分して得た関数を**偏導関数**といい，x で偏微分した場合 $\dfrac{\partial z}{\partial x}$，$y$ で偏微分した場合 $\dfrac{\partial z}{\partial y}$ などと表す．

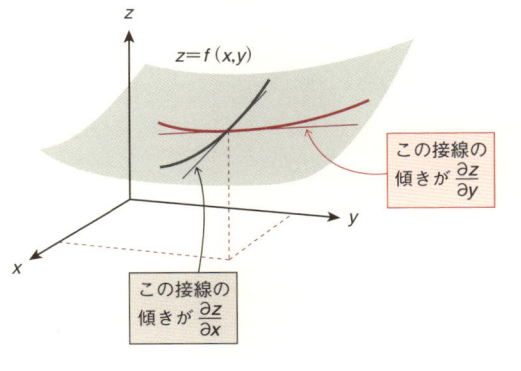

$$\frac{\partial z}{\partial x} = \lim_{\Delta x \to 0} \frac{f(x+\Delta x, y) - f(x,y)}{\Delta x}$$

$$\frac{\partial z}{\partial y} = \lim_{\Delta y \to 0} \frac{f(x, y+\Delta y) - f(x,y)}{\Delta y}$$

偏導関数を求める計算では，こ

[*2] $z=f(x,y)$ の偏微分をより正確に表すには，

$$\left(\frac{\partial z}{\partial x}\right)_y \quad \text{や} \quad \left.\frac{\partial z}{\partial x}\right|_y$$

のように定数とみなす変数（上の場合 y）を添え字で表す．$V=nRT/p$ で

$$\left(\frac{\partial V}{\partial p}\right)_{n,T}$$

としたら n と T を定数とみなし，V を p で微分することを表す．n と T が真に定数なら，dV/dp と同じと考えてよい．なお，∂ は "ラウンド（ディー）"，"パーシャル（ディー）" などと読む．

の式に当てはめる代わりに，たとえば x で偏微分する場合は x 以外の変数を定数とみて微分する．関数 $z=-2x-y+4$ を x で偏微分するなら，y を定数とみて次式のように求める．

$$\frac{\partial z}{\partial x} = \frac{\partial}{\partial x}(-2x) + \frac{\partial}{\partial x}(-y+4) = -2 + 0 = -2$$

関数 $z=xy^2$ を y で偏微分するときは，x を定数とみて次式のように求める．

$$\frac{\partial z}{\partial y} = x\frac{\partial}{\partial y}y^2 = x(2y) = 2xy$$

23・4 全微分

関数 $z=f(x,y)$ で x だけを動かしたときの導関数が偏導関数であった．変数 x, y をともに変動させるときの動きは偏導関数を使って次式のように表し，この式を z の**全微分**とよぶ．

$$dz = \frac{\partial z}{\partial x}dx + \frac{\partial z}{\partial y}dy$$

たとえば，$z=x^2-2xy+3y^2$ について，z の全微分は $dz=2(x-y)dx-2(x-3y)dy$ となる．この式の dz, dx, dy は $\Delta z, \Delta x, \Delta y$ を限りなく 0 に近づけた状態を意味する．全微分は x, y がほんのわずかに変化したときの z の変化を表している．

練習問題

1. 正弦波（☞ §15・3）を表す多変数関数 $y = 4\sin 2\pi\left(\dfrac{x}{3}-\dfrac{t}{4}\right)$ について，偏導関数 $\dfrac{\partial y}{\partial x}$, $\dfrac{\partial y}{\partial t}$, および全微分 dy を求めなさい．

発展 多変数関数としての球と波

一般に，x, y の値が決まると z の値が一つに決まるとき，z は x, y の**多変数関数**といい，$z=f(x, y)$ と表す．このとき，x, y が**独立変数**，z が従属変数である．x, y のとりうる値の範囲が定義域，z の値の範囲が値域である．§23・2 で見た平面の関数では，$x>0$, $y>0$, $-2x-y+4>0$ が定義域，$z>0$ が値域となる．定義域は xy 平面上で点 (x, y) の領域として表される．多変数関数のグラフは，xyz 座標上の曲面（§23・2 の平面も曲面の一種である）として表される．

ここで，二つの例を取上げ，関数のグラフを xyz 座標空間や時間と位置の座標の上に表してみよう．

例 1 半球を表す多変数関数：中心が原点 $\mathrm{O}(0, 0, 0)$ で，半径が $\sqrt{12}$ の球面の上半分の上の点を $\mathrm{P}(x, y, z)$ とすれば，ピタゴラスの定理（三平方の定理）から $\mathrm{OP}=\sqrt{x^2+y^2+z^2}=\sqrt{12}$ を満たすから，$x^2+y^2+z^2=12$ となる．ここで z を正の数とし，x, y で表せば $z=\sqrt{12-x^2-y^2}$ となり，z は x, y の 2 変数関数となることがわかる．この関数の定義域は，球の周と内部 $x^2+y^2 \leqq 12$，値域は $0 \leqq z \leqq \sqrt{12}$ になる．

例 2 平面波を表す多変数関数：数直線上の点 P が時間とともに上下に動き，その変位 y が振幅 4，波長 3，周期 4 の正弦波であるとき，y は x, t を独立変数とする多変数関数

$$y = 4 \sin 2\pi\left(\frac{x}{3} - \frac{t}{4}\right)$$

と表される（☞ §15・3）．この関数のグラフは波が岸に押し寄せる形に似た水平波になる．ここで，各時刻に対する変位を表す関数は，時刻 $t=0$ では $y=4 \sin 2\pi\left(\frac{x}{3}\right)$，$t=1$ では $y=4 \sin 2\pi\left(\frac{x}{3} - \frac{1}{4}\right)$ となり，位相が $\frac{\pi}{2}$* だけ変化することがわかる．

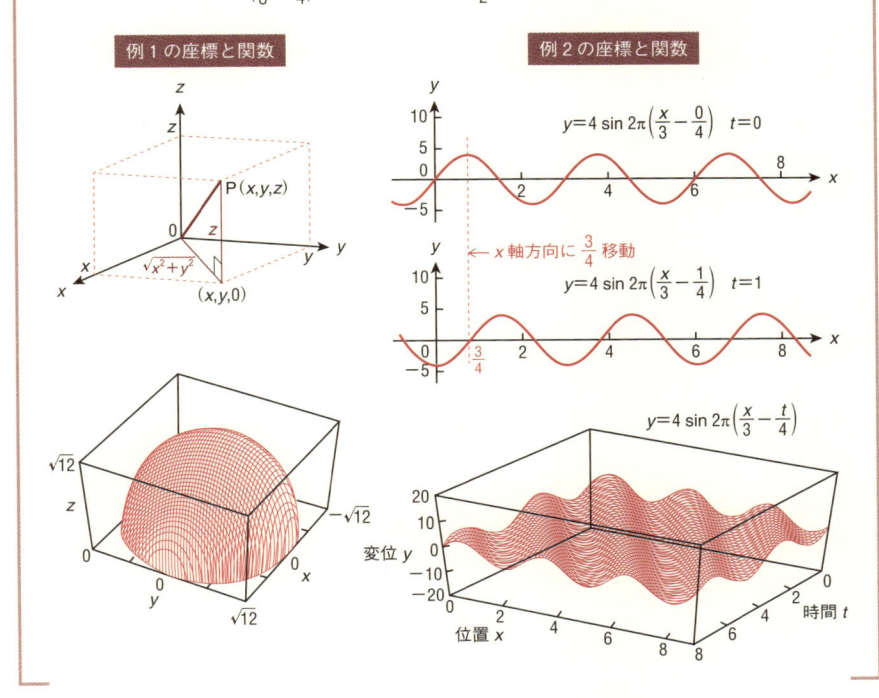

* 位相を θ とすると

$$3(\text{波長}) : 2\pi = \frac{3}{4} : \theta$$

$$\theta = \frac{\pi}{2}$$

となる（☞ p.51 欄外）．

第24章 微分方程式

到達目標 二次方程式などの普通の方程式と微分方程式の違いについて理解し，"ものの動き"を微分方程式で表せるようにしよう．

薬学とのつながり 薬物の反応速度，固形薬物が水溶液に溶けるときの溶解速度などは微分方程式で表せる．

考えてみよう 微分方程式 $\dfrac{dy}{dx}=2x$ を満たす関数 y を不定積分で表す．□ に式を入れなさい．

$$\text{不定積分}\ y = \int \Box\, dx = \Box + C$$

〔答：順に，$2x$；x^2〕

24・1 微分方程式の意味

　固体のくすりが水に溶解するときは，時間とともに減少するくすりの量を測定し，減少する差や変化率を調べて規則を見つけようとする*．このように，時間に伴って変化する量を変化率に帰着させて，その規則を数理的にとらえることが行われる．多くの場合，変化率は微分の形で表される．そのため，微分で表された**微分方程式**を見て自然現象を読み解いたり，逆に自然現象から微分方程式をつくることが薬学でも必要になる．幸いなことにくすりの反応や溶解は，3通りの非常に単純な場合に限定され（☞ §25・4），その例を学ぶだけで十分である．本章では，接線の傾きやさまざまな速度について考え，微分方程式をつくってみよう．

* 変化する規則がわかれば（式で表すことができれば），過去の状態を知ったり，将来の予測ができるようになる．過去や将来を知るためのツールが微分方程式である．

24・2 自然現象と微分方程式

　セシウム 137 などの放射性同位体の数 x は放射壊変によりしだいに減少する．よって，x は時間 t の関数 $x=f(t)$ となる．x の減少の t に対する変化率（☞ 第 16, 17 章）は，そのときの x に比例することが知られており，この規則は k を正の定数としてつぎのように表される．

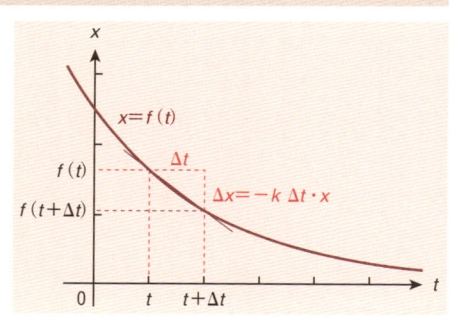

$$\text{変化率が個数}\ x\ \text{に比例する} \iff \dfrac{dx}{dt} = -kx$$

　この式で，x は時間とともに減少する t の関数なので，$x=f(t)$ として考える．時間が t から Δt だけ経過して $t+\Delta t$ になったとき

$$\text{個数}\ f(t)\ \text{の減少の変化率} = \dfrac{f(t+\Delta t)-f(t)}{\Delta t}$$

になり，経過時間 Δt を限りなく 0 に近づけると，$f(t)$ の導関数になる．

第 24 章 微 分 方 程 式

$$\lim_{\Delta t \to 0} \frac{f(t+\Delta t)-f(t)}{\Delta t} = \frac{\mathrm{d}}{\mathrm{d}t}f(t) = \frac{\mathrm{d}x}{\mathrm{d}t}$$

変化率が放射性同位体の数[*1]に比例するという条件は t の増加に伴って x が減少することから，比例定数を $-k$ として $\frac{\mathrm{d}x}{\mathrm{d}t}=-kx$ と表す[*2]．

[*1] 放射性同位体は，他の原子に変わるとき，放射線を放出する．よって，放射性同位体の数が放射能を表すことになる．

[*2] x が減少する変化率なので，変化率自体（グラフ上の接線の傾き）は負の値になる．一方，比例定数 k は正の値としており，x はつねに正なので，整合性を保つために微分方程式に負号を付けている．

例題 1 ある細菌は環境がよければ時間が経つにつれて増加し，その個数 x の増加率がそのときの個数に比例することがわかっている．増加の規則に合うように □ に式を入れなさい．

$$\frac{\mathrm{d}x}{\mathrm{d}t} = k\square \quad (k \text{ は正の定数})$$

〔答：x〕

24・3　接線の傾きと微分方程式

関数 $f(x)=2x^2$ の導関数 $f'(x)$ に $x=1$ を代入した微分係数は，放物線 $y=f(x)$ の $x=1$ における接線の傾きであった（☞ §17・1）．

接線の傾きから微分方程式をつくってみよう．

原点を中心，r を半径とする円は $x^2+y^2=r^2$ で表される．円上の点 $P(x,y)$ におけるこの円の接線の傾きは $\frac{\mathrm{d}y}{\mathrm{d}x}$ で表され，原点 O を通る直線 OP に垂直になる．直線 OP の傾きは $\frac{y}{x}$ だから，$\frac{\mathrm{d}y}{\mathrm{d}x}\frac{y}{x}=-1$ が成り立つ．したがって，円 $x^2+y^2=r^2$ について，

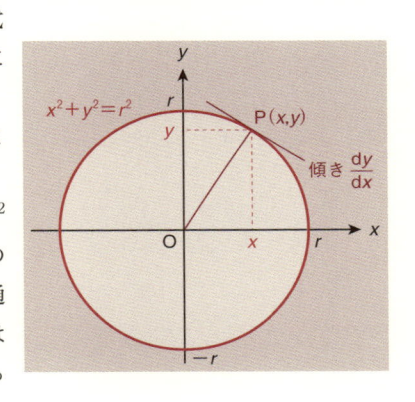

$$\text{微分方程式} \quad \frac{\mathrm{d}y}{\mathrm{d}x} = -\frac{x}{y}$$

が成り立つ．ただし，$y \neq 0$ とし[*3]，$x=0$ のとき $y=\pm r$ とする．

[*3] $y=0$ のときは接線が y 軸に平行になって傾きが存在しないので $y \neq 0$ とする．

例題 2 一次関数 $y=2x$ の微分方程式について，□ に数または式を入れなさい．$y=2x$ のグラフは原点を通り，傾きが □ の直線だから，この傾きから微分方程式は □＝□．

〔答：順に，2；$\frac{\mathrm{d}y}{\mathrm{d}x}$；2〕

24・4　代数方程式と微分方程式

$f(x)=0$ の形をした等式を**代数方程式**といい，これを満たす x を求めることを**方程式を解く**という．一方，**微分方程式**は以下のような形の等式であり，これを満たす関数を求めることを**微分方程式を解く**という．すなわち，代数方程式の解は数値なのに対し，微分方程式の解は方程式になり，変数に適当な数値を当てはめれば，数値が求まる．

代数方程式の例：
　一次方程式
　　$12.6 - 0.2x = 6.3$
　　解は $x = 31.5$
　二次方程式
　　$x^2 - 7x + 6 = 0$
　　解は $x = 1, 6$
　指数方程式
　　$12.6\,\mathrm{e}^{-x} = 6.3$
　　解は $x = \ln 2$

$$\text{微分方程式} \quad \frac{dy}{dx} = -\frac{y}{x}, \quad \text{解} \quad y = \frac{a}{x} \ (a \text{ は定数})$$

$$\text{微分方程式} \quad \frac{d^2x}{dt^2} = -x, \quad \text{解} \quad x = \sin(t+a) \ (a \text{ は定数})$$

24・5 実験データから

n 階の微分方程式：$\frac{d^n y}{dx^n}$（第 n 次導関数）を含む微分方程式のこと．

微分方程式は，実験データから x と y の関係になるものを見つけだし，x の変化に対する y の変化の規則性を求めて組立てることになる．

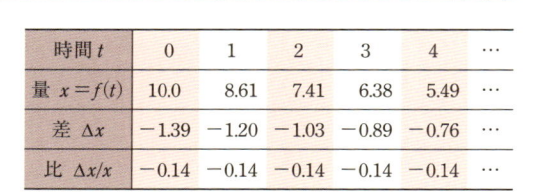

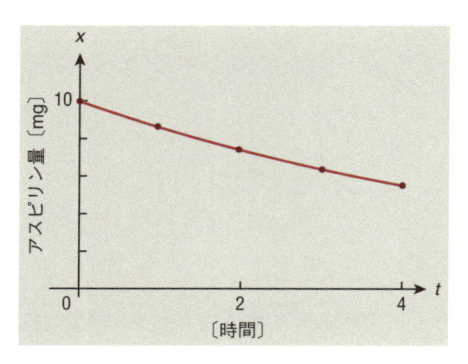

アスピリン 10.0 mg を水溶液中で分解させて，時間とともに減少する量 $x=f(t)$ mg を一定時間(Δt)ごとに測った．その差 $\Delta x=f(t+\Delta x)-f(t)$ を調べると，ほぼ $-0.14x$ mg になることが表のようにわかった．

時間 t	0	1	2	3	4	⋯
量 $x=f(t)$	10.0	8.61	7.41	6.38	5.49	⋯
差 Δx	−1.39	−1.20	−1.03	−0.89	−0.76	⋯
比 $\Delta x/x$	−0.14	−0.14	−0.14	−0.14	−0.14	⋯

この測定結果から，$x=f(t)$ について，$\frac{\Delta x}{\Delta t}=-0.14x$ が成り立つ．Δt を限りなく 0 に近づけたときの極限値をとれば，

$$\text{微分方程式} \quad \frac{dx}{dt} = -0.14x$$

が得られる*．

*§25・4 の一次反応に相当する．

練習問題

1. 20 ℃の室温でコーヒーカップに入れたコーヒーの温度 x を測定し，温度の差 Δx，温度の差と $(x-20)$ の比を計算したところ，次表のようになった．導かれた微分方程式の □ に式を入れなさい．

各 $-\frac{\Delta x}{(x-20)\Delta t}$ にはほとんど差がないので，平均値 0.049 で一定とすれば，$-\frac{\Delta x}{(x-20)\Delta t}=0.049$ より，$\frac{\Delta x}{\Delta t}=-0.049\square$ となる．

この式で，$\Delta t\to 0$ の極限値をとれば，微分方程式 $\frac{dx}{dt}=\square$ を得る．

時間 t/min	1	2	3	4	5	6	7	8	9
温度 x/℃	79.1	76.2	73.4	70.9	68.4	66	63.7	61.6	59.6
温度差 Δx		−2.9	−2.8	−2.5	−2.5	−2.4	−2.3	−2.1	−2.0
$-\frac{\Delta x \cdot 100}{(x-20)\Delta t}$(%)		4.9	5.0	4.7	4.9	5.0	5.0	4.8	4.8

第25章　変数分離形の微分方程式

到達目標　薬学で扱う微分方程式はすべて変数分離形である．基本的なものを確実に解くことができるようにしよう．

考えてみよう　$y=e^{-x}$ はつぎのどれを満たすだろうか．
(1) 微分しても y のまま　　(2) 微分すると $-y$ になる　　(3) 微分すると x になる

〔答：(2)〕

25・1　微分方程式の解

　第24章で微分方程式についての基本的な考え方を学んだ．本章では，実際にその方程式を解いてみよう．

　$\dfrac{dy}{dx}=9.8x$ を満たす関数 y を求めてみる．この方程式の両辺を x で積分し不定積分を求める．ここで，左辺 $\dfrac{dy}{dx}$ は y を x で微分したものだから，これを x について積分すれば $y+C$ に戻る（定数 C は任意）．

$$y = \int 9.8x\,dx = 4.9x^2 + C$$

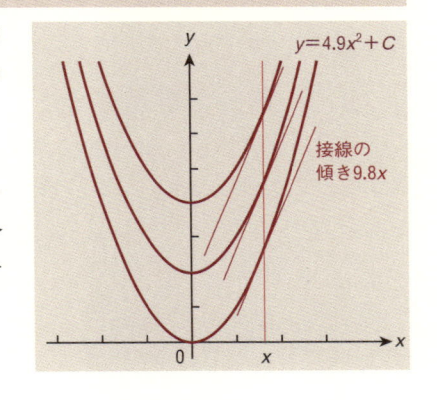

接線の傾き $9.8x$

このように，与えられた微分方程式を解いて得られる関数が微分方程式の**解**である．$\dfrac{dy}{dx}=(x,y\text{ の式})$ の形をした微分方程式は，上の例のように任意の定数 C を一つ含んでいる（**一般解**という）．この C に特定な値を与えたものも解になり，これを**特殊解**という．上の例で，たとえば $x=0$ のとき $y=1$ とすると $1=0+C$ から $C=1$ となり，特殊解 $y=4.9x^2+1$ が一つ決まる．このような，特殊解を決める条件を**初期条件**という．初期条件はある x（$x=0$ など）のときの y の値などを代入して決めればよい．

例題 1　微分方程式 $\dfrac{dx}{dt}=9.8t$ で $t=\dfrac{1}{7}$ のとき $x=0$ という初期条件のとき，解 $x=4.9t^2+C$ における C の値を求めなさい．

〔答：-0.1〕

25・2　微分方程式の解法 (1)

　§24・3 では，原点を中心とする半径 r の円 $x^2+y^2=r^2$ から微分方程式 $\dfrac{dy}{dx}=-\dfrac{x}{y}$ を導き出した．ここでは，逆にこの微分方程式を解いて，それが円の方程式になるかどうかを調べてみよう．そのためには左辺に y の式を，右辺に x の式をまとめてから積分する*．

* 数学的には邪道だが（dy/dx は全体で一つの変数であるから），dy/dx の dy と dx を独立した変数とみて，$y\,dy=-x\,dx$ とし，両辺を積分し，$\int y\,dy = -\int x\,dx$ とする方法もある．

変数分離形の微分方程式の例：
$$\frac{dy}{dx} = \frac{x}{y}$$
$$\frac{dy}{dx} = kx$$
$$\frac{dy}{dx} = ky$$
$$\frac{dy}{dx} = ke^{x+y}$$

$$\frac{dy}{dx} = -\frac{x}{y} \quad \text{より} \quad y\frac{dy}{dx} = -x$$

$$\int y\frac{dy}{dx}dx = -\int x\,dx \leftarrow \boxed{\text{左辺の }\frac{dy}{dx}dx \text{ を約分するように扱い }dy \text{ とする}}$$

$$\int y\,dy = -\int x\,dx \leftarrow \boxed{\text{両辺を積分する}}$$

$$\frac{1}{2}y^2 = -\frac{1}{2}x^2 + C \leftarrow \boxed{\text{両辺を2倍して }x^2 \text{ を移項する}}$$

$$x^2 + y^2 = 2C \quad (\text{解})$$

ここで，$x=0$ のとき $y=\pm r$ だった（初期条件）から $r^2=2C$ より特殊解は $x^2+y^2=r^2$ となって円の方程式が得られる．このように，左辺に y の式を，右辺に x の式を移してから積分して解くことができる微分方程式を**変数分離形**といい，最も基本的な微分方程式である．

25・3 微分方程式の解法(2)

つぎに，薬学でもよく登場する変数分離形の微分方程式 $\frac{dy}{dx}=-y$ の解を求めてみよう．まず，右辺の y を左辺に移項して

$$\frac{1}{y}\frac{dy}{dx} = -1 \leftarrow \boxed{\text{両辺を }x \text{ で積分する}}$$

$$\int \frac{1}{y}\frac{dy}{dx}dx = -\int dx$$

$$\int \frac{dy}{y} = -\int dx \leftarrow \boxed{\text{不定積分を求める}}$$

$$\ln|y| = -x + C' \quad (\text{解}^{*1})$$

*1 $\ln|y|=-x+C'$ の対数を外すと，
$$y = \pm e^{-x+C'}$$
$$= \pm e^{C'} \cdot e^{-x}$$
ここで，$\pm e^{C'}=C$ とおけば，$y=Ce^{-x}$ が得られる（C は0でない任意の定数）．これも一般解である．

例題 2 微分方程式 $\frac{dy}{dx}=ky$ の一般解を求める．□ に式を入れなさい．

この微分方程式の y を左辺に移項して $\frac{1}{y}\frac{dy}{dx}=k$ とする．両辺を x で積分して $\int □ \, dy = k\int dx$．不定積分を求めて $\ln|□|=□+C'$．対数を外して $y=\pm e^{C'}\cdot e^{□}$．$\pm e^{C'}$ を C とおけば，一般解 $y=□e^{kx}$ が得られる．

〔答：$\frac{1}{y}$；y；kx；kx；C〕

25・4 薬学における微分方程式

くすりが化学反応や分解を受けてその量 x が減少するとき，減少速度は時間 t の微分方程式で表すことができ，変化のタイプによってつぎの三つに分けられる*2．

*2 ここにあげた三つの微分方程式は，薬学では頻繁に登場するので，その解き方をきちんと理解しておく必要がある．

① **零次反応** $\frac{dx}{dt}=-k$：　−（速度）が一定

$$\int \frac{dx}{dt}dt = -k\int dt \quad \text{から} \quad \int dx = -kt \quad \text{より}$$
$$\text{一般解は} \quad x = -kt + C \quad (\text{一次関数})$$

微分方程式 $\frac{dx}{dt}=-0.5$ について，初期条件 $t=0$ のとき $x=3$ を満たす特殊解は $x=-0.5t+3.0$ になる．

② 一次反応 $\frac{dx}{dt}=-kx$：－（速度）が x に比例

$$\int \frac{1}{x}\frac{dx}{dt}dt = -k\int dt \quad \text{から} \quad \int \frac{dx}{x} = -kt$$

一般解は $\ln|x| = -kt + C'$ あるいは $x = Ce^{-kt}$ （指数関数）

微分方程式 $\frac{dx}{dt}=-0.5x$ について，初期条件 $t=0$ のとき $x=3$ を満たす特殊解は $\ln x = \ln 3 - 0.5t$ あるいは $x = 3e^{-0.5t}$ になる．

③ 二次反応 $\frac{dx}{dt}=-kx^2$：－（速度）が x^2 に比例

$$\int \frac{1}{x^2}\frac{dx}{dt}dt = -k\int dt \quad \text{から} \quad \int \frac{dx}{x^2} = -kt$$

一般解は $x = \dfrac{1}{kt-C}$ （分数関数）

微分方程式 $\frac{dx}{dt}=-0.5x^2$ について，初期条件 $t=0$ のとき $x=3$ を満たす特殊解は $x=\dfrac{6}{3t+2}$ になる．

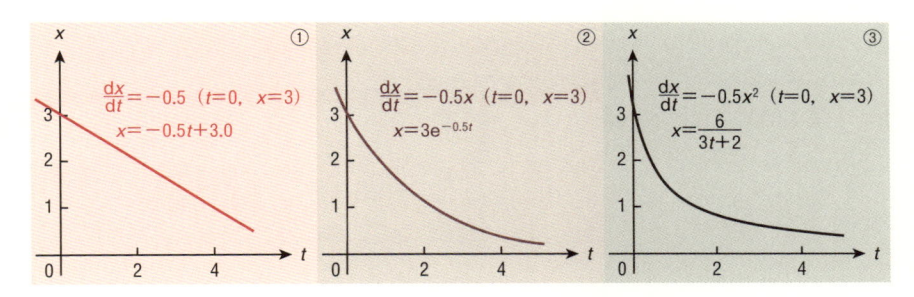

例題 3 つぎの微分方程式の一般解，初期条件 $t=0$ のとき $x=1$ を満たす特殊解を求める．□ に数または式を入れなさい．

(1) $\dfrac{dx}{dt} = -1$ について，$\int dx = \square \int dt$ から一般解は $x = \square t + C$，
特殊解は $x = \square t + \square$

(2) $\dfrac{dx}{dt} = -x$ について，$\int \dfrac{dx}{\square} = \square \int dt$ から一般解は $x = Ce^{\square t}$，
特殊解は $x = \square e^{\square t}$

(3) $\dfrac{dx}{dt} = -x^2$ について，$\int \dfrac{dx}{\square} = \square \int dt$ から一般解は $x = \dfrac{1}{\square t - C}$，
特殊解は $x = \dfrac{1}{\square t + \square}$

〔答：(1) $-1, -1, -1, 1$；(2) $x, -1, -1, 1, -1$；(3) $x^2, -1, 1, 1, 1$〕

練習問題

1. 薬物 A 100 mg を水で溶かすとき，溶ける速さは溶けずに残っている A の質量に比例し，10 分後には質量が半分になるという．溶け始めてから t 秒後の A の質量を x mg として，x が満たす微分方程式をつくり，その特殊解を求めなさい．

IV 統計の基礎

第26章 データの収集と整理

到達目標　物理現象には理論的な数式が存在するため，過去や将来の状態を簡単に推測することができる．これに対し，社会現象や，物理現象でも理論的な数式を導けない現象では，事実が示す傾向を読みとり，将来の予測を行うことになる．そのときに必須となるのが統計処理である．

薬学とのつながり　くすりの効き方，病気の流行資料，保健医療の資料など，薬学が関わるデータにはさまざまなものがあり，それらのデータをきちんと読みとったり，適切な統計処理を行うことが求められる．第26章～第29章では，適切な統計処理ができるようになるために初学者として知っておきたいことがらを学び，後学年で出会う本格的な統計学の基礎を身につけておこう．

考えてみよう　国民的な調査でインターネットを通じてアンケートに回答してもらう方法の問題点は何であろうか．
〔答：インターネットを使う人の意見だけが反映される〕

26・1 統計処理の目的

統計処理は意味のあるデータを数学的に分析する方法である．統計学の進歩によって，対象からほんの一部を取出して全体の様子が把握できるようになった．また，コンピューターや電卓の普及はデータの整理と視覚化に大きく貢献している．しかし，統計を取る目的[*1]と方法を理解しておかないと，せっかくの統計や収集したデータが無意味になる．このことをよく知っておこう．

26・2 統計処理の方法

統計処理において，統計をとる対象全体を**母集団**といい統計的に調べる意味のある数値の集まりを**データ**（**資料**）という．母集団の中からデータを抽出するために選び出された一部のものを**標本**（サンプル[*2]）という．データの中の一つ一つの値のことを**変量**，変量の個数をデータの**大きさ**という．データを収集する方法には**全数調査**と**標本調査**がある[*3]．

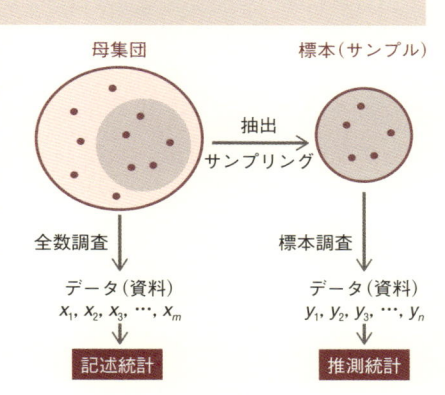

母集団　　　　　　標本（サンプル）

抽出
サンプリング

全数調査　　　　　標本調査

データ（資料）　　　データ（資料）
$x_1, x_2, x_3, \cdots, x_m$　　$y_1, y_2, y_3, \cdots, y_n$

記述統計　　　　　推測統計

- 全数調査：母集団の全数のデータを収集する調査．
- 標本調査：母集団の一部からデータを集めて対象全体を推測する調査．調査をもとにつぎのような統計処理を行い，必要な情報を取出す．
  ① 統計的推測：対象全部の値はどんな範囲にあるかを調べる．
  ② 統計的検定：立てた仮説の通りかどうかを調べる．
  ③ 回帰分析：身長と体重のように，異なる変量の間の関係を調べる．

*1 くすりの効き目は，人によって違う．ヒトの生物としてのシステムが未解明で，くすりの効き目を数式で簡単に表すことはできないうえ，個人個人でそのシステムが違うからである（生命の設計図である遺伝子が違っている）．そこで，くすりの効き目を正しく評価するには，統計処理が重要になる．

*2 対象から一部を取出すことを**抽出**（**サンプリング**）という．

*3 全数調査で得られた資料を統計的にまとめることを**記述統計**または**データ解析**という．全数調査には膨大な手間，時間，費用が掛かる．国勢調査がその例である．工業製品の抜き取り検査や，くすりの効き目を調べる検査は標本調査の例である．標本調査で得られた資料を統計的にまとめることは**推測統計**または**数理統計**という．

標本調査は小さいデータで母集団全体の様子を推測する方法なので，**推測統計**（**数理統計**）の理論を理解しておく必要がある．

例題 1　池に生息している魚の重さを調べるために，池の魚 100 匹を網で捕って重さを量った．以下の文章の □ に用語を入れなさい．
池の魚全部が母集団，100 匹の魚は □ に当たる．測定した 100 匹の魚の重さは □（データ）で，100 はデータの □ になる．

〔答：順に，標本；資料；大きさ〕

26・3　データの収集

推測統計では大きな母集団の示す傾向を正しく反映させる標本を抽出することが重要で，そのためにはデータに偏りがないような調査計画を立てる必要がある[*1].

*1 データの特性に応じた抽出方法が考案されている．
- 系統的抽出
- 層化抽出
- 集落抽出
- 多段抽出
- 多層抽出

- 局所管理：調査環境が均一になるように，小さな単位に分けてデータを収集する．
- 無作為化：器具や対象をランダムに割り当ててデータの偏りや実験器具による系統誤差を防ぐ．
- 反復：反復できるものは，可能な限り繰返して実験する．

そして，つぎのような偏りが生じないように注意する必要がある．

- 選択の偏り：データ収集のときの偏り（特定のグループのみを調査対象とする・しない）
- 評価の偏り：データの整理のときの偏り（特定の結果を過大・過少評価する）
- 公表の偏り：データをまとめるときの偏り（特定の結果を公表する・しない）

26・4　データの整理

収集したデータは，表やグラフ（統計図表）にして特徴を読みとりやすいものに整理する．データを表すグラフには多くの種類があり，求める情報を最も読みとりやすいグラフを作成することも統計処理では必要な技量となる．

a. 度数分布表，度数分布図　コンビニで売れる商品を知るために，無作為に商品を 50 個選び，値段と売れた商品のデータを収集した場合を考えよう．得られたデータを度数分布表の形に整理した．**度数分布表**は，データの最小値と最大値の間を**範囲**，各区切り（例の場合，100 円ごとの区分）を**階級**，階級を代表する値（例の場合，平均値）を**階級値**とし，各区間に入る個数（例の場合，売れた商品の数）を**度数**としてまとめた表である．この度数分布表を棒グラフにしたものが**度数分布図**（**ヒストグラム**）[*2] である．**累積度数分布図**は度数を累積したデータの度数分布図であり，右上がりのグラフになる．右端の棒の縦軸の値がデータの大きさ（＝変量の個数）になる．

*2 ヒストグラムと棒グラフは，同じ意味で使われることが多いが，棒グラフの棒のすき間を無くして表示したものをヒストグラムとよぶ．度数分布図の縦軸を度数そのものではなく，データの大きさで割った値を取ったものが**相対度数分布図**である．

累積度数分布図：度数分布図の縦軸の値を各階級の度数ではなく，その階級までの総和で表したもの．

度数分布表

階 級	1～100	101～200	201～300	301～400	401～500	501～600	601～700	701～800	801～900	901～1000	
階級値	50.5	150.5	250.5	350.5	450.5	550.5	650.5	750.5	850.5	950.5	
度 数	9	14	8	3	6	3	2	1	2	2	計50

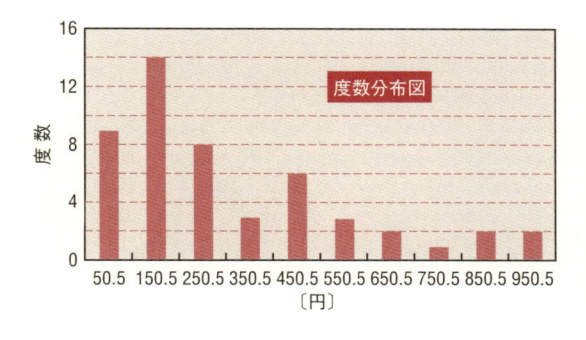

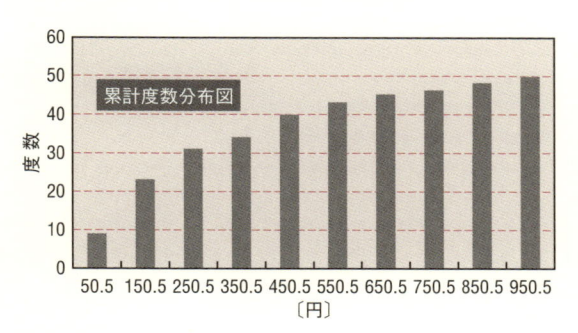

b. 折れ線グラフ，円グラフ，帯グラフ，レーダーチャート 統計処理では度数分布図が基本となるが，**折れ線グラフや円グラフ，帯グラフ，レーダーチャート**（クモの巣グラフ）なども使われる．それぞれの特徴を理解しておこう．文部科学省の文部科学統計要覧（平成22年度版）の大学学科別の在学学生数のデータを使い，それを各グラフで表してみた（詳細は述べないが，Excel®で容易に作成できる）．折れ線グラフは，年次変化のような，データの変化の様子をつかみやすい．円グラフは，各階級の全体に対する割合を比較しやすい．絶対度数で集計した帯グラフは折れ線グラフと同じ機能をもつが，それぞれの度数が見やすくなっている．相対度数で集計した帯グラフは，円グラフと同じ機能をもつが，複数年度の比較を行いやすい．レーダーチャート（クモの巣グラフ）は，階級度数の大小関係が誇張して表される傾向があることから，あまり差がない複数個の指標（例では七つの死因）を比べるのに適している．例は厚生統計要覧（平成22年版）の死亡率（人口10万対）の死因年次推移分類・性別のデータから2009年の一部を用いて作成したものである．

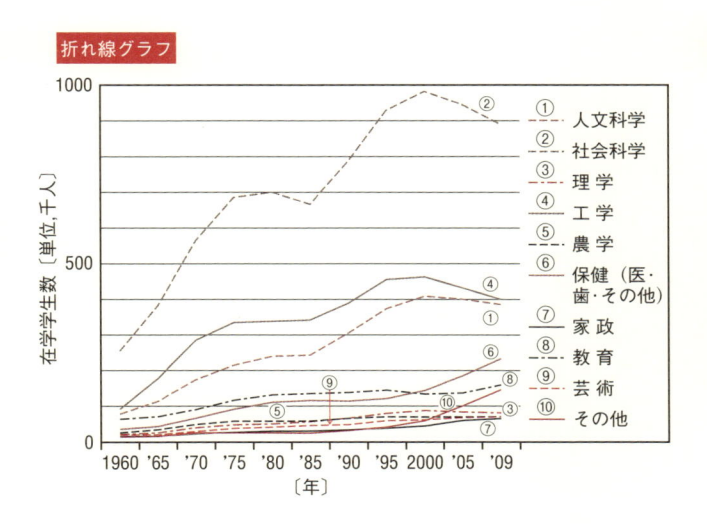

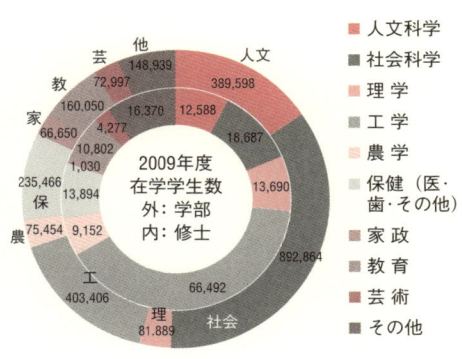

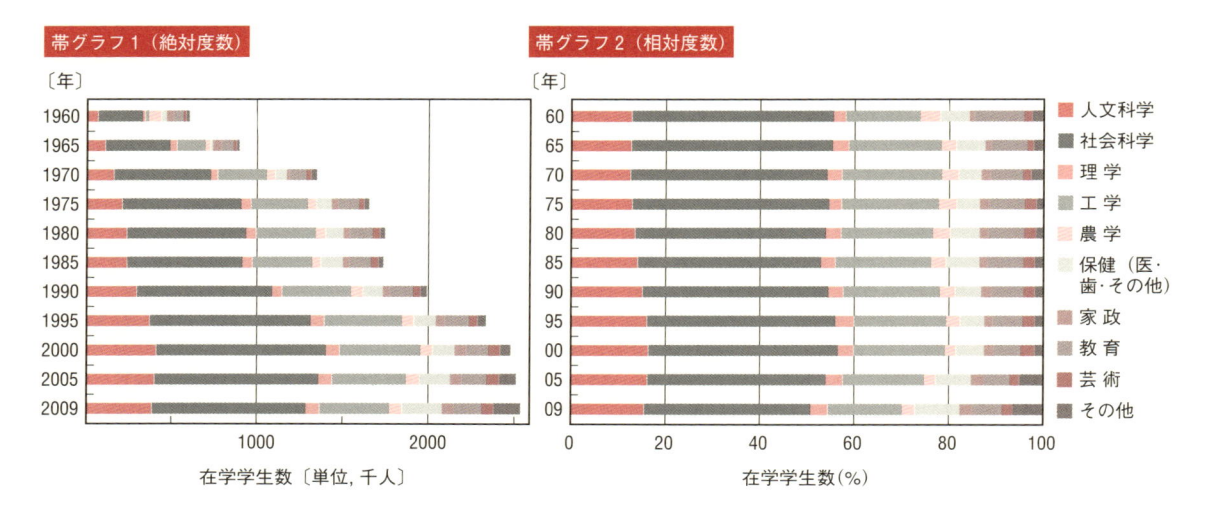

帯グラフ1（絶対度数） / 帯グラフ2（相対度数）

凡例: 人文科学, 社会科学, 理学, 工学, 農学, 保健（医・歯・その他）, 家政, 教育, 芸術, その他

以上のように，適切な統計図表を用いることで，データの特徴を視覚的に読みとることができる．大量のデータのもつ傾向を知ることが統計のおもな目的の一つであり，統計図表の利用はそのための有効な方法である．

レーダーチャート
死亡率（人口10万対）: 悪性新生物, 心疾患, 脳血管, 肺炎, 不慮事故, 自殺, その他
日本男 / 日本女

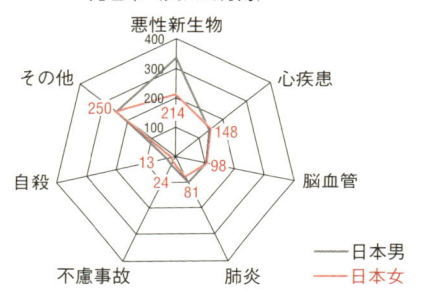

例題 2 大学学科別在学学生数の帯グラフから，日本の大学の学生数はまだ増加傾向にあることがわかる．増加に寄与しているのは何学科であろうか．

〔答：絶対度数での寄与は人文，社会，工学；
相対度数での寄与は保健（医・歯・その他），家政，その他〕

練習問題

1. 下の表は，50人の米国女性血液提供者による血清の抗体濃度〔$mg\ mL^{-1}$〕である．□に数値を入れて度数分布表を完成させなさい．

11.6	15.8	17.0	14.2	16.2	17.3	15.7	17.3	12.0	11.5
8.4	13.2	12.5	15.7	14.0	10.8	9.9	14.0	15.0	10.2
19.2	12.0	8.2	13.8	12.6	9.6	16.0	13.7	11.5	14.8
17.5	15.2	7.2	17.0	5.2	9.4	7.5	15.5	10.7	14.2
15.3	7.8	11.2	10.0	12.1	10.5	12.2	8.6	9.9	16.1

階級	<6.0	<8.0	<10.0	<12.0	<14.0	<16.0	<18.0	<20.0
階級値	5.0	7.0	9.0	11.0	13.0	15.0	17.0	19.0
度数	1	3	□	□	□	□	□	1

第27章 代 表 値

到達目標 標本や母集団のすべてのデータを度数分布図などに表す代わりに平均値や標準偏差などの代表値でその傾向を表すことの意味を理解し，実際の場面でそれらを使えるようにしよう．

考えてみよう 分散の平方根をとったものを何とよぶか． 〔答：標準偏差〕

27・1 代表値の意味

データの大きさが 500 あるいは 1000 個のように大量のデータの場合，その特徴を統計図表に表すことは作業が大変になる．そこで，データの中心的な値とデータの散らばりの度合いの数値を用いて，この大量データのもつ特徴を表すことを考える．その最も一般的な値が**平均値**と**標準偏差**とよばれる代表値である．**中央値**と**四分位偏差**を代表値として使う場合もある[*1]．

*1 平均値と標準偏差は，データの分布が正規分布（☞ 第 28 章）に近い場合に使われる．正規分布から著しくかけ離れているデータや，平均値から著しく外れている変量が多いデータでは，代表値として中央値と四分位偏差を使うことがある．中央値と四分位偏差については後学年で学ぶ．

27・2 平 均 値

ある1週間の最高気温が，20, 21, 24, 23, 22, 21, 23〔℃〕のとき，平均気温は $(20+21+24+23+22+21+23)\div 7=22$〔℃〕として求める[*2]．一般に，データ $x_1, x_2, \cdots, x_n$ があったとき，

*2 仮平均（右の例では 22）を使い計算してもよい：
$22+(-2-1+2+1+0-1+1)\div 7 = 22$

＋POINT＋
$$\bar{x} = \frac{1}{n}(x_1+x_2+\cdots+x_n)$$

をこのデータの**平均値**という．

度数分布表が与えられたときの平均値は，各階級値に度数を掛け，それを度数の和で割って求める．

世帯人員	1	2	3	4	5	6	7	
度数〔万人〕	244	141	91	71	19	4	1	計 571

上のデータの平均値は，

$(1\times 244+2\times 141+3\times 91+4\times 71+5\times 19+6\times 4+7\times 1)\div 571 = 2.12$〔万人〕[*3]

となる．

*3 平均値の単位はデータの単位と同じである．

例題 1 つぎのデータの平均値を求めてみよう．

(1) 1, 1, 1, 1, 1   (2) 1, 2, 3, 4, 5

(3)
階級値	1	2	3	4	5
度数	1	2	3	2	1

(4)
階級値	2	4	6	8	10
度数	2	3	4	5	1

〔答：(1) 1；(2) 3；(3) 3；(4) 6〕

27・3 分散と標準偏差

平均気温が同じであっても，気温の変動が大きい年もあれば，穏やかな日が続いて温度変化が少ない年もある．このようにデータの特徴は平均値だけでは決まらない．ある年の1月と2月の気温のデータを下に示したが，2月の方が温度変化が大きいことがグラフからわかる．このデータの散らばりを数学的に表現しよう．

日	1	2	3	4	5	6	7	8	9	10	11	12	13	14	15	16
1月	11	11	9	10	11	11	7	10	11	6	6	10	8	7	7	6
2月	13	9	12	14	11	12	14	8	9	10	2	4	9	7	10	12
日	17	18	19	20	21	22	23	24	25	26	27	28	29	30	31	—
1月	11	10	11	10	9	10	9	8	8	10	11	8	8	6	9	—
2月	15	15	9	9	10	11	13	14	21	11	19	5				—

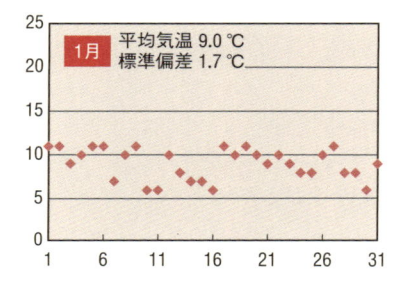

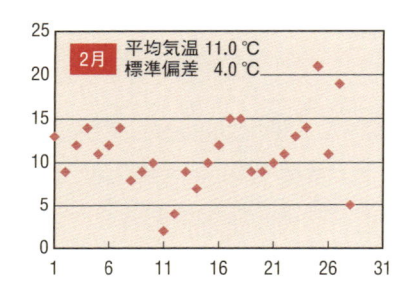

散らばりを表す一つの尺度が**範囲**（レンジ）で，（最大値）－（最小値）のことである．上の例では1月が $11-6=5$〔℃〕，2月が $21-2=19$〔℃〕である．

散らばりを表す別の尺度が**分散** v で，平均値からの差を2乗したものの和（偏差の平方和）（☞ 第8章）をとって総度数で割った値である．

この分散の平方根をとったのが**標準偏差** s であり，散らばりを表す尺度として最もよく使われる．

1月と2月の気温の分散と標準偏差はつぎのようになる*．

1月の分散： $v = \{(11-9)^2 + (11-9)^2 + \cdots + (6-9)^2 + (9-9)^2\}$
$\div 31 = 2.97 \approx 3.0$
1月の標準偏差： $s = \sqrt{2.97} = 1.72 \approx 1.7$ ℃
2月の分散： $v = 16.0$
2月の標準偏差： $s = 4.0$ ℃

分散も標準偏差も，その値が大きいほどデータの散らばりが大きいことを示す．平均値が同じでも，標準偏差（や分散）が小さいデータは平均値付近に多くのデータが集積しており，一方，標準偏差（や分散）が大きいデータは平均値から離れたデータが多いことを示している．

v と s：分散の v は variance，標準偏差の s は standard deviation から．分散と標準偏差の求め方は後学年でより詳しく学ぶ．

* 標準偏差の単位は，データと同じである．

例題 2 データ 1, 2, 3, 4, 5 の分散と標準偏差を求めてみよう．□ に数を入れなさい．

このデータの平均値 3 との偏差の平方和を求めて $(1-3)^2+(2-3)^2+(3-3)^2+(□-3)^2+(□-3)^2=10$．これを □ で割って分散は □ になる．このとき標準偏差は $\sqrt{□}=□$ になる．

〔答：順に，4；5；5；2；2；1.4〕

27・4 散布図と相関係数

二つの変量から成るデータがあり，一方が増加すれば他方も増加する，あるいは減少するという傾向があるとき，二つの変量の間には**相関関係がある**という．下図のように，x 軸と y 軸に，相関関係を調べたい項目をとり**散布図（相関図）**を作成するとその傾向がわかる[*1]．

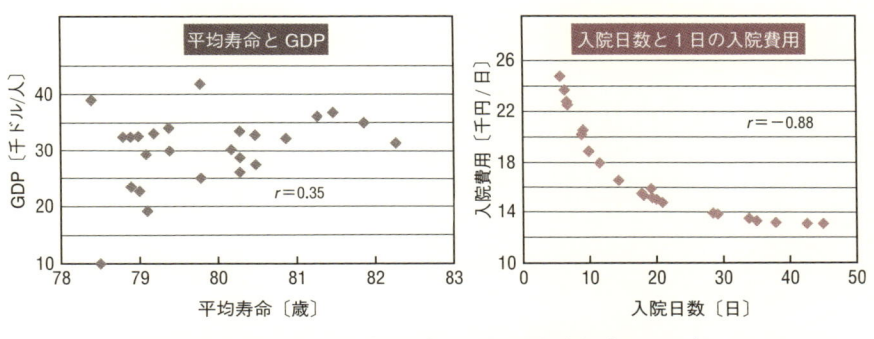

〔データ出典：左図，国連開発計画 (UNDP)，"人間開発報告書 (2007/2008)" より．2005年の男女計平均寿命の上位 25 カ国をその国の 2005 年 1 人当たり GDP に対してプロットした．右図，社団法人全日本病院協会ホームページより．1 日当たりの費用は患者負担分〕

散布図で，一方が増加，他方も増加する場合，二つの変量には**正の相関**があり，一方が増加，他方が減少する場合には二つの変量には**負の相関**があり，明確な増加あるいは減少の傾向が見られない場合には二つの変量には**相関がない**，という．二つの変量の間の相関の程度は**相関係数** r で表され，±1 に近いほど，相関が強いという[*2]．

[*1] 入院日数と 1 日当たりの入院費用のグラフのように，一次関数よりも高次関数や指数関数との相関が強いと考えられる場合もある．

相関係数の求め方：x 軸のデータの標準偏差，y 軸のデータの標準偏差，および共分散とよばれる量から計算できる（☞ 第 8 章，発展参照）．

[*2] 平均寿命は GDP と弱い正の相関があり，1 日の入院費用は入院日数と強い負の相関があると判断できる．

練習問題

1. つぎの □ に当てはまる言葉を入れなさい．

多くのデータを扱う場合，□ を使いデータの特徴を表現する．最も一般的な □ が平均値と □ であり，□ は分散の □ をとったものである．分散や □ が大きいデータは，平均値が同じであっても □ が大きい．

第28章　正規分布

到達目標　正規分布の意味を理解し，平均値と標準偏差のもつ意味を正しくつかみ，歪みのない典型的なデータの分布のモデルとして利用できるようにしよう．

考えてみよう　正規分布に従うデータの場合，最も度数が □ のは平均値の変量であり，平均値±□ の範囲に全体の約 68% のデータが含まれる．

〔答：順に，多い(大きい)；標準偏差〕

*1 硬貨を製造する造幣局では一定の基準を設け，それを超えたものを不良品として除外すると考えられる．詳細は公表されていない．

28・1　正規分布

1円玉の重さは1gであるが，実際に量ってみると1gぴったりということはなく[*1]，1gの周りに散らばった値が得られる．量る1円玉の個数 N を100個から2000個と増やすと，その度数分布はきれいな曲線を描くようになる．

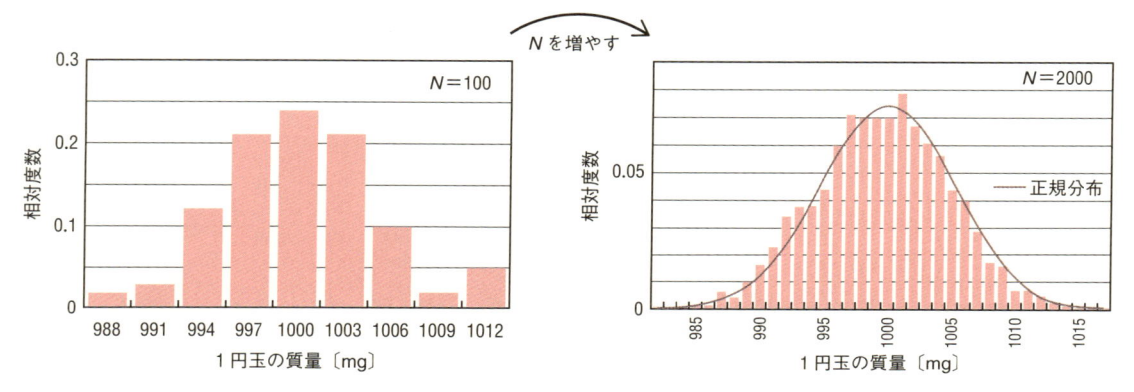

N を限りなく大きくするとき，度数分布は平均値を頂点とする左右対称のベル形の**正規分布**に近づく．正規分布曲線は平均値 $\bar{x}$ と標準偏差 s の関数になっている．

正規分布曲線[*2]　　$y = \dfrac{1}{s\sqrt{2\pi}} e^{-(x-\bar{x})^2/2s^2}$

*2 この式は，相対度数分布についての正規分布曲線を表している．例題1のように，度数分布についての正規分布曲線は，相対度数分布の正規分布曲線に度数の総和 7200 を掛ければよい．

上の1円玉2000個のデータでは，$\bar{x}=1000$ mg，$s=5.3$ mg となった．度数分布図の中に記した曲線(—)はこれらの代表値で計算した正規分布曲線で，実測値とよく一致している．このように，平均値の周りに均等に分布する計測値などでは，正規分布はごく普通に成り立つと考えてよく，いろいろな統計処理は，この正規分布が成立することを前提に行われることが多い．

例題1　ある年の CBT 模擬試験の受験者は 7200 人で，全国正答率を集計したところ，平均値 $\bar{x}=60$ 点，標準偏差 $s=9.8$ 点であった（100点満点）．これを正規分布曲線で近似する（p. 99，上図）．つぎの □ に数を入れなさい．

$$y = \frac{7200}{\Box\sqrt{2\pi}} e^{-(x-\Box)^2/(2\Box^2)}$$

〔答：左から順に，9.8；60；9.8〕

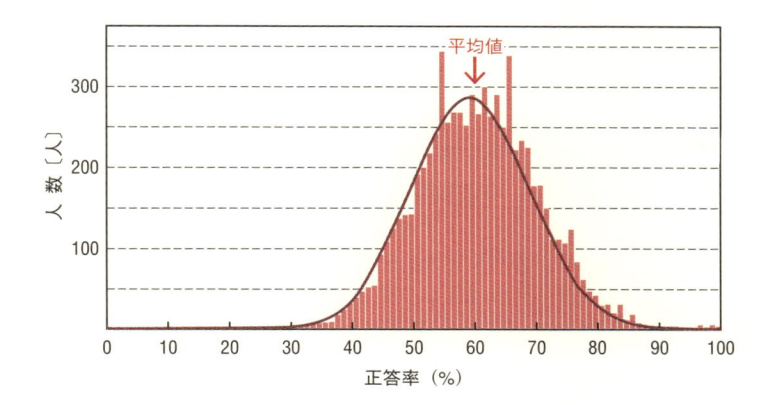

第28章 正規分布　99

28・2 標準正規分布

正規分布を表す p.98 の式で，$\bar{x}=0$，$s=1$ とした関数が**標準正規分布**である．

標準正規分布曲線 $y = \dfrac{1}{\sqrt{2\pi}} e^{-x^2/2}$

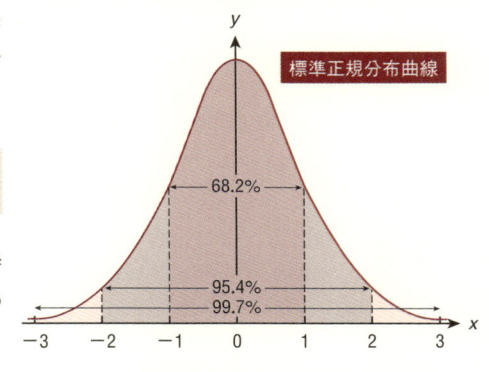

標準正規分布曲線が示すつぎの特性は，推定や**検定**などをするときの基本的な性質である*．

- この曲線は y 軸について対称で，x 軸とこの曲線で囲まれる部分の面積は 1
- $-1 \leqq x \leqq 1$ となる部分の面積は 0.682
- $-1.96 \leqq x \leqq 1.96$ となる部分の面積は 0.95
- $-2 \leqq x \leqq 2$ となる部分の面積は 0.954
- $-3 \leqq x \leqq 3$ となる部分の面積は 0.997

* $\bar{x}$ と s が異なる正規分布では，つぎのようになる．
- 直線 $x=\bar{x}$ について対称で，x 軸とこの曲線で囲まれる部分の面積は 1
- $-1 \cdot s \leqq x-\bar{x} \leqq 1 \cdot s$ となる部分の面積は 0.682
- $-1.96s \leqq x-\bar{x} \leqq 1.96s$ となる部分の面積は 0.95
- $-2s \leqq x-\bar{x} \leqq 2s$ となる部分の面積は 0.954
- $-3s \leqq x-\bar{x} \leqq 3s$ となる部分の面積は 0.997

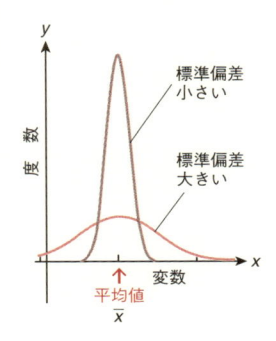

正規分布曲線を特徴づける $\bar{x}$ は頂点の位置を平行移動させる．一方，s は山の広がり具合を変える．s が小さい場合，山は急峻になり，s が大きい場合，山はなだらかになる．

例題 2　標準正規分布曲線について，つぎの条件に当てはまる数値を□に入れなさい．
　　$0 \leqq x \leqq 1$ となる部分の面積は □÷2＝□，
　　$x \geqq 1.96$ の部分の面積は（1−□）÷2＝□

〔答：順に，0.68；0.34；0.95；0.025〕

練習問題

1. 偏差値とは平均値からの差（$x-\bar{x}$）を標準偏差で割った値を 10 倍にして，50 を足したものである．平均が 60，標準偏差が 10 の場合と，同じ平均で標準偏差が 5 の場合の変量 50 と 70 の偏差値はいくつになるか．

第29章　検　　　　定

到達目標　正規分布に従う変量 x がある範囲の値をとる確率を求められるようにするとともに，正規分布に従う変量が一定の信頼区間に入るかどうかの検定のしくみを理解しよう．

薬学とのつながり　くすりの効果があるかどうかを統計的に検定する手順は，正規分布に基づく場合が多い．作成した工業製品（くすりも含む）の品質の良否や規格に合っているか否かの検定も同様の考え方で行う．この考え方は医薬品情報・評価学の分野に直結する．

考えてみよう　データ全体の和を個数で割った値は何か．
〔答：平均値〕

29・1　検定の目的

　くすりが本当に効くことを統計的に示すにはどうすればよいのだろうか．それには，そもそも統計的な判定を下すのは何のためなのか，どんな判定場面があるのか，どのように判定するのかを，前もって考える必要がある．ある母集団について仮定した**命題**（真か偽かはっきりした文）を，標本に基づいて統計的に検証することを**仮説検定**または単に**検定**という．工業製品（くすりを含む）について統計的な検定を行う目的は，その品質の良否を判定したり，製品が規格に合っているか否かを検査すること（管理目的）であり，究極的には，顧客のニーズを理解し要求を満たし期待に応える物作りをするためである[*1]．薬学に関わる統計的検定の目的は上記のような管理目的よりも少し範囲が広がり，ある改良の効果を手間ひまをあまりかけずに調べるため，新しい改善をするのに少しのデータで全体の様子を調べるため，などの目的が加わる．

　統計的な検定は，母集団が同じであれば，いつ誰がやっても同じ結果になることをかなり高い確率で保証するので，強い説得力をもつ[*2]．

29・2　検定の場面

　統計的な検定を行う目的に対応して，どのような検定のパターンがあるか考えてみよう．医薬関係では，実際の測定値や観察した値が理論的な分布に一致しているかどうか，二つの項目間に関連があるかどうかなど，ほぼつぎのようなことがらについての判断である[*3]．

a. 二つの値に差があるかどうかの判定

- 母集団の値と基準値の間に差があるかどうか：平均値，割合などについて，ある基準値がすでに別の方法で知られていることを利用して良否を判定したり，規格に合っているかどうかを判定する．
- 二つの母集団の値に差があるかどうか：地域，二つの症例，男性と女性，若年層と年配層，投薬の前後などで分けられた二つの集団の平均値，割合，分布な

[*1] "JIS ハンドブック 品質管理（2010-57）"，日本規格協会（2010）．

[*2] 検定を行うときに，そのデータの収集方法や手順に一つでも不適切なことがあれば，その統計的検定そのものが疑われる（統計法第一条）から，検定には相応の知識と手技が必要となる．

[*3] "厚生統計テキストブック（第5版）"，厚生統計協会（2009）．

aの検定例：
① （割合）：リハビリ治療を終えた 50 人に効果の有無をアンケート調査したところ 32 人が効果があったと答えた．この治療は効果があったと判断できるか．
② （二つの集団）：ある地域で，農村地帯から 40 人，都市部から 50 人の 10 歳男児を選び出し，体重を測定した．前者の平均値 29.45 kg，標準偏差 4.21 kg，後者の平均値 31.13 kg，標準偏差 4.20 kg であった．両グループに違いがあると判定できるだろうか．

どについて違いがあるかどうかを判定する.

b. 関連性の判定 集団の二つ以上の項目に着目したとき，それらの間に関連性があるかどうかの判定場面で，クロス表（☞欄外）の項目について差があるかどうかの判定をする.

29・3 検定の手順

母集団が正規分布に従うと考えられるときの一般的な検定の手順を，つぎの例で紹介しよう.

"通常の日本人の安静時における心拍数の統計値は，平均的に1分間に70回，標準偏差が11.3回であるという．いま，ある地域から25人を選び心拍数を測定し平均値を求めたところ74.5回であった．この平均値は通常の成人の心拍数1分間に70回と同程度と判定できるだろうか"

① **帰無仮説と対立仮説を立てる**：検定で判断を下したい命題 "標準の心拍数の範囲内である〔母集団（日本人全体の平均値）と標本（調べた25人の平均値）には違いがない〕" を**帰無仮説**，その否定命題 "標準の心拍数の範囲外である" を**対立仮説**とする.

② **有意水準を定める**：**有意水準**は，めったに起こらないような低い確率の値で，帰無仮説の事象が起こらない確率として使う．普通5%とする[*1].

③ **検定統計量を定める**：検定するために標本から得た統計量のことを**検定統計量**という．この場合，心拍数が検定統計量になる.

④ **帰無仮説が真であるとして検定統計量の分布を求める**：帰無仮説 "このデータは通常の範囲内" が真であるとして，25人の平均値をこれ以外にもたくさんとったと考えれば，心拍数の平均値が70回，標準偏差11.3を $\sqrt{25}=5$ で割った値2.26を標準偏差とする[*2] 正規分布になる.

⑤ **棄却域，採択域を求める**：帰無仮説 "通常の範囲内" を棄却するべき検定統計量（心拍数）の範囲を**棄却域**，棄却できない範囲を**採択域**という．棄却域はめったに起こらない範囲といえる．この場合，

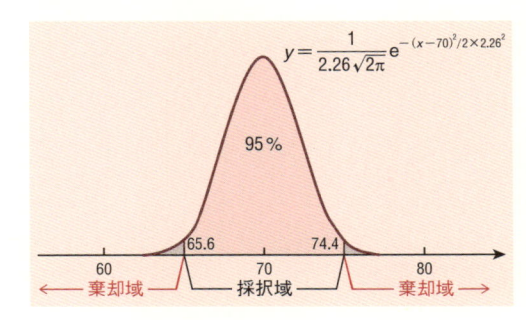

棄却域： （心拍数）< 65.6 (= 70 − 1.96 × 2.26),
74.4 (= 70 + 1.96 × 2.26) < （心拍数）

採択域： 65.6 < （心拍数）< 74.4

⑥ **帰無仮説を棄却できるか否かを調べる**：観察した検定統計量（心拍数）が棄却域の範囲にあれば帰無仮説を棄却し，対立仮説を採択して "通常の範囲外"

---

bの検定例：ある地域の高齢者の男性221名，女性229名について運動の有無を調べて，クロス表を得た.

運動	男	女
する	141	91
しない	80	138
計	221	229

この表で運動の有無，男女間に関連性があると判定できるか.

帰無仮説 null hypothesis：一般には，調べたい集団の間には違いがない，という命題のこと.

対立仮説 alternative hypothesis：帰無仮説を否定する命題のこと.

[*1] 確率5%，20回に1回程度起こることを，統計では "めったに起こらない" としている.

[*2] 標本の抽出を繰返してその分布を調べると，平均値は母集団と同じになるが，その標本の標準偏差は，母集団の標準偏差を s とすると，$s/\sqrt{n}$ の正規分布になる．これを**中心極限定理**という．平均値70，標準偏差11.3の母集団から大きさ25の標本を抽出して平均値をとれば，その平均値は70回，標準偏差は11.3÷5=2.26回になる.

$$y = \frac{1}{2.26\sqrt{2\pi}} e^{-(x-70)^2/2 \times 2.26^2}$$

95%

棄却域 ← 65.6 採択域 74.4 → 棄却域
60 70 80

* 帰無仮説の事象が起こった場合，帰無仮説を棄却したが実は帰無仮説が正しかったことになる．これを **第一種の誤り（過誤）** という．

と判定する*．採択域にあれば"何ともいえない"と判断する．有意水準5％での検定では，心拍数74.5は棄却域に入るから，帰無仮説"通常の範囲内"を捨て，対立仮説"通常の範囲外"を有意水準5％で採択する．

---- 練習問題 ----

1. 日本人の50歳〜59歳の収縮期血圧（最大血圧）の平均は男女とも同じで150，標準偏差は30であるという．ある地域の50歳〜59歳の25人を無作為に選んで血圧を測ったところ，その平均値が163であったという．この平均値は異常だろうか．つぎの □ に文や式を入れなさい．

① 帰無仮説を"通常の範囲内に □"；② 有意水準を5％；③ 検定統計量を □ とする．

④ 帰無仮説が真であるとすると25人の平均値の分布は平均 □，標準偏差 □ の正規分布に従う．

⑤ 棄却域は，（血圧）<138（＝□−1.96×□），（□＋1.96×□＝161.8）<（血圧）の範囲にある．

⑥ 25人の平均値163は棄却域に入って □ から，帰無仮説を □．

第30章 単位と次元

到達目標 自然科学で扱う数値は，ほとんどが単位をもった意味のある物理量であり，単なる数ではない．単位について理解し，単位を使った次元解析の手続きについて理解しよう．

薬学とのつながり 薬学も自然科学の一部であるから，扱う数値は単位をもち，次元を伴った意味のある物理量である．

考えてみよう 水1 mLの次元は，長さの何次元だろうか．

〔答：3次元〕

30・1 国際単位

重さ（質量）には g, mg, μg, モル濃度には mol L^{-1} などの**単位**がある．これら**物理量**の単位の付け方（単位系）には国際的な基準がある．1960 年に国際度量衡総会という国際会議で，**国際単位系**（**SI**）が採用され，長さ，質量，時間，電流，温度，物質量，光度の7種の物理量を基本量とし，それぞれの**基本単位**が表のように定められた．すべての物理量はこの7種の基本単位の組合わせで表すことができる[*1]．

たとえば，物体が動くときの速さは"距離/時間"で表されるから，速度の単位は長さの記号mと時間の記号sを用いて m/s または m s^{-1} になる[*2]．同様に加速度は"速さ/時間＝距離/時間^2"で表されるから m/s^2 または m s^{-2} という単位で表される．このように，7種の基本単位以外の単位は基本単位のべき乗の組合わせで表し，**組立単位**という．

下表は固有の名称と記号をもつ**SI 組立単位**の例である．エネルギーはSI単位

基本量と基本単位

物理量	記号	SI単位の名称
長さ	m	メートル
質量	kg	キログラム
時間	s	秒
電流	A	アンペア
温度	K	ケルビン
物質量	mol	モル
光度	cd	カンデラ

[*1] 物理量は，"数値×単位"から成る．単位をもたないように見える物理量もあるが，無次元という単位をもっている．

[*2] 単位の表し方として m/s と m s^{-1} の2通りがある．m/s のような表し方の場合，複雑な単位を表すときに混乱を招きやすい．

SI 組立単位の例

物理量	SI単位の名称	記号	SI基本単位による表現（単位換算）
力	ニュートン	N	m kg s^{-2}
圧力	パスカル	Pa	m^{-1} kg s^{-2} （N m^{-2}）
エネルギー	ジュール	J	m^2 kg s^{-2} （N m）
仕事率	ワット	W	m^2 kg s^{-3} （J s^{-1}）
電荷	クーロン	C	s A
電気抵抗	オーム	Ω	m^2 kg s^{-3} A^{-2} （V A^{-1}）
電圧	ボルト	V	m^2 kg s^{-3} A^{-1} （W A^{-1}＝J C^{-1}）
電気容量	ファラド	F	m^{-2} kg^{-1} s^4 A^2 （C V^{-1}）
周波数	ヘルツ	Hz	s^{-1}
温度	セルシウス度	℃	K
照度	ルクス	lx	cd m^{-2}
放射能	ベクレル	Bq	s^{-1}

* SI 基本単位で濃度を表すと，mol m^{-3} になるが，1 m^3 の水を使って溶液を調製することは，研究室レベルではあり得ないので，実際の操作に近いリットル L が使い続けられている．

で表すと，m^2 kg s^{-2} となるが，J（ジュール）という固有の名称の単位が用いられる．SI 単位ではないが，**SI 単位との併用が認められている単位**もある．リットル（L）* や，分（min），時間（h）がその例である．

例題 1　圧力（パスカル，Pa）は 1 m^2 の面積に 1 N（ニュートン）の力が掛かる物理量である（単位面積当たりの力）．これに基づいて圧力の単位を換算してみよう．□ に記号を入れなさい．

- ニュートンの運動の第二法則により，m kg の物体に加速度 a m s^{-2} を生じさせる力が F N である（$F=ma$ になる）から，F N は F m □ s$^□$ となる．
- 圧力は 1 m^2 当たりの力 F と考えて力を長さ m の 2 乗で割り，単位は m$^□$ □ s$^□$ になる．

〔答：順に，kg；-2；-1；kg；-2〕

ニュートンの運動の第二法則：運動方程式のこと．

次元と単位系：次元は単位系で異なる．SI 単位以前に使われていた MKS 単位系では，基本単位は長さ，質量，時間のみなので，次元も 3 種類であるが，これをもとにした MKSA 単位系（電磁気単位系）では，この三つに加えて電流が基本単位となり，次元は 4 種類になる．SI 単位系は七つの基本単位を使うので，次元も 7 種類ある．次元が同じ物理量同士は，比較できる場合もあるが，次元の異なる物理量同士の比較は無意味である．

30・2 次　元

速度は(長さ)・(時間)$^{-1}$ のように基本量のべき乗の形で表され，**長さの次元は 1，時間の次元は -1** になる．このように，各物理量には**次元**があり，長さ，質量，時間などのべき乗で表現できる．次元は，それぞれの物理量がどのような基本量で構成されているかを示す．

国際単位系では長さは m，面積は m^2，体積は m^3 で表し，長さの 1 次元，2 次元，3 次元と考え，長さの次元を [L] としてそれぞれの次元を [L]，[L^2]，[L^3] と表す．同様にして，質量，時間，温度の次元を [M]，[T]，[Θ] で表す．物理量の次元はつぎのように考える．

SI 基本単位と次元	
物理量と単位の記号	次元
長さ　m	[L]
質量　kg	[M]
時間　s	[T]
電流　A	[I]
温度　K	[Θ]
物質量　mol	[N]
光度　cd	[J]

- 速度の次元：(動いた距離)/(時間) から [L T^{-1}]，長さについて 1 次元，時間について -1 次元
- 加速度の次元：(速度)/(時間)＝〔(距離)/(時間)〕/(時間)＝(距離)/(時間)^2 から [L T^{-2}]，長さについて 1 次元，時間について -2 次元
- モル濃度の次元：mol L^{-1}＝10^3 mol m^{-3} だから [N L^{-3}]，物質量について 1 次元，長さについて -3 次元
- 圧力の次元：力の次元は (質量)×(加速度) だから [L M T^{-2}]，圧力の次元は (力)/(単位面積) から [L^{-1} M T^{-2}] となり，長さについて -1 次元，質量について 1 次元，時間について -2 次元

密度：SI 単位は kg m^{-3} であるが，一般には g cm^{-3} で表すことが多い．

例題 2　密度の次元について，つぎの □ に数式か文字を入れなさい．
密度は単位体積当たりの質量で求められる．体積の次元は [L$^□$] だから，その次元は [L$^□$ M$^□$] となる．

〔答：3；-3；1〕

30・3 次元解析

物理学や化学では，つぎのように数式で表された法則や等式がある．

水溶液のモル濃度についての等式：　水溶液のモル濃度 $= \dfrac{\text{溶質の物質量}}{\text{水溶液の体積}}$

理想気体の状態方程式：　　　　　$pV = nRT$

こうした法則や等式は，左辺と右辺の数値が一致することを示しているが，それとともに次元が一致していることも示している．このことを利用して式，変数，定数の次元を定めることを**次元解析**という．

$n=1$ mol の理想気体は，温度 $T=273$ K，気圧 $p=1.013\times10^5$ Pa のとき体積 $V=22.4$ L$=0.0224$ m^3 であるから，気体定数 R の数値はつぎのようにして求められる．

$$(1.013 \times 10^5) \times 0.0224 = 273 \times 1 \times R \quad R = \frac{(1.013 \times 10^5) \times 0.0224}{273} = 8.31$$

ここで，R の次元を求めてみよう．理想気体の状態方程式 $pV=nRT$ の左辺と右辺について，

左辺 pV の次元：　　圧力 p [L^{-1} M T^{-2}] と体積 V [L^3] の積だから [L^2 M T^{-2}]
右辺 nRT の次元：　物質量 n [N]，温度 T [Θ]，気体定数 R の積だから
　　　　　　　　　　[(R の次元) N Θ]

左辺の次元＝右辺の次元より，R の次元は

　　　[L^2 M T^{-2} Θ^{-1} N^{-1}]　　（SI 単位は m^2 kg s^{-2} K^{-1} mol^{-1} ＝ J K^{-1} mol^{-1} *1）

次元解析は，代数方程式のみならず，微分方程式（微分と積分）についても応用できる．たとえば，質量 C が時間 t によって変化するとき，C の導関数と不定積分の次元はつぎのようになる．

- 導関数 $\dfrac{dC}{dt}$ の次元は，C の次元 [M] を t の次元 [T] で割って [M T^{-1}]
- 不定積分 $\int C\,dt$ の次元は，C の次元 [M] に t の次元 [T] を掛けて [M T]

例題 3　固体の薬物が残っている水溶液中で，その薬物の濃度 c が時間的に変化する様子を表す微分方程式*2 $\dfrac{dc}{dt}=kS(c_s-c)$ における係数 k の次元を調べた．□ に次元または数を入れなさい．

この微分方程式において，c は固形薬物の t 分後の濃度，c_s はこの固形薬物の溶解度（ともに mol L^{-3}＝10^3 mol m^{-3}），k は定数，S は固形薬物の表面積〔m^2〕とする．この微分方程式の両辺の次元は次式のようになる．

　　左辺の次元：　濃度 [L$^□$ □] ÷ 時間 [□] ＝ [L^{-3} T^{-1} N]
　　右辺の次元：　k[k の次元]×面積 [L$^□$]×濃度 [L$^□$ □] ＝ [(k の次元) L^{-1} N]

左辺の次元＝右辺の次元より，（k の次元）＝ [L$^□$ □$^{-1}$] になる．
S の単位が m^2，時間の単位が秒 s なら，k の単位は m^{-2} s^{-1}，S の単位が cm^2，時間の単位が分 min なら，cm^{-2} min^{-1} になる*3．

〔答：順に，-3；N；T；2；-3；N；-2；T〕

*1 圧力 p の単位 N m^{-2}（面積 1 m^2 当たりに掛かる力〔N〕），および体積の単位 m^3 を利用し，$R=pV/nT$ から，単位は N m^{-2} m^3 mol^{-1} K^{-1}，すなわち N m K^{-1} mol^{-1}，さらに，エネルギーの単位 J（ジュール）で表せば，J＝N m（1 N の力で 1 m 動かすエネルギー）だったから，R の単位は J K^{-1} mol^{-1} となる．この J K^{-1} mol^{-1} から，"気体定数とは，物質 1 mol の温度が 1 K 変化するときのエネルギーの変化のような意味をもつのであろう"と推測される．

*2 この微分方程式はノイエス・ホイットニーの式とよばれ，固体の溶液への溶解速度は，固体の表面積 S と濃度差（固体表面のごく近傍の濃度 c_s と固体から十分に離れたところの濃度 c の差）に比例することを示している．

*3 k の物理的な意味は表面積 1 cm^2 当たり，時間 1 min 当たりの何かの変化を表す定数と思われる．この場合の"何か"とは，分子の個数か反応の回数（いずれも単位にはならない）と考えることができる．

練習問題

1. つぎの各単位を SI 基本単位の組立て形で表し，その次元を示しなさい．
例：質量モル濃度（溶媒 1 kg に溶けている溶質の物質量）単位 mol kg^{-1}，次元 [N M^{-1}]
(1) モル質量；　　(2) アボガドロ定数；　　(3) 比重

2. 化学反応で，反応する物質が減少していくモデルには零次反応，一次反応，二次反応があり，それぞれ下の反応速度式（微分方程式）で表される（☞ §25・4）．反応速度定数 k の次元をそれぞれ求めよ．なお，c は濃度で単位は mol L^{-1} である．

(1) 零次反応速度式： $\dfrac{dc}{dt} = -k$

(2) 一次反応速度式： $\dfrac{dc}{dt} = -kc$

(3) 二次反応速度式： $\dfrac{dc}{dt} = -kc^2$

第31章 単位の変換

到達目標 同じ次元であっても単位が異なる物理量があるとき，その物理量同士の計算では単位の変換をする必要があることを理解し，その計算を間違いなくできるようにしよう．

薬学とのつながり 物理量には単位という意味があり，分析計算などでは単位についての感覚（センス）が不可欠である．このセンスをつねにもつことがヒヤリハットの防止につながる．

考えてみよう 光の速度は 3.00×10^8 m s^{-1} である．光は 25.7 cm（この本の長辺の長さ）進むのに何秒掛かるだろうか．

〔答：8.57×10^{-10} s＝0.857 ns〕

31・1 非SI単位とSI単位との換算

現在，日本で使われている SI（国際単位系）のうち，長さと質量はそれぞれ m（メートル）と kg（キログラム）である．SI 単位は多くの国々で用いられており，科学技術の分野での基本単位となっている．しかし，一部の国では，SI 単位の基礎となったメートル法ではなく，歴史的経緯によりヤード・ポンド法の単位が使われている．ヤード・ポンド法では，フィート（feet, ft）とポンド（pound, lb）をそれぞれ長さと質量の基本単位として使っている．ヤード・ポンド法で測定された物理量と SI 単位系で測定された物理量は，次元は同じであっても，単位が異なるためその値が違う．次元は同じなので，単位を明記すれば等号で結べる．

$$1\text{ ft} = 0.3048\text{ m} \qquad 1\text{ lb} = 0.4536\text{ kg}$$

ヤード・ポンド法の単位のように，SI 単位とは異なる単位系のものが**非 SI 単位系**である．非 SI 単位系で表された物理量を SI 単位で表すには，換算する必要がある．

ヤード・ポンド法の単位が使われている場面：
- テレビ画面のサイズ（inch）
- 自転車や自動車のタイヤの大きさ（inch）
- ゴルフコース（yd）
- 飛行機の運行（ft, mi）
- 競馬（mi, furlong）

例題 1 1辺の長さが 1 ft の立方体の体積をつぎの単位で表すとどうなるか．
(1) ft^3（立方フィート）　　(2) m^3（立方メートル）

〔答：(1) 1 ft^3；(2) 2.832×10^{-2} m^3〕

例題 2 ヤード・ポンド法では 12 インチ（inch, in）が 1 ft，3 ft が 1 ヤード（yard, yd），5.5 yd が 1 ロッド（rod），4 rod が 1 チェーン（chain），10 chain が 1 ハロン（furlong），8 furlong が 1 マイル（mile, mi）とよばれる．つぎの □ の中に数値を入れなさい．
(1) 1 inch＝□ cm；　　(2) 1 yd＝□ m；　　(3) 1 mi＝□ km
(4) 1 エーカー（acre, ac；1 chain×1 furlong の長方形の面積）＝□ ha*
(5) 1 km^2＝□ ft×□ ft（の正方形の面積）

〔答：(1) 2.540；(2) 0.9144；(3) 1.609；(4) 0.4047；(5) 3281, 3281〕

* ha（ヘクタール）は 100 m×100 m の面積を表す単位．10 m×10 m の面積を表す a（アール）の 100 倍なので，×100 を表す SI 接頭語の h（ヘクト）が冠してある．ha，a ともに SI と併用することが認められている非 SI 単位．

非 SI 単位にはこのほかに，日常生活で使われるカロリー〔cal，1 cal＝4.184 J（熱

化学カロリー）〕，標準大気圧（atm, 1 atm＝1.013×10⁵ Pa），水銀柱ミリメートル（mmHg, 760 mmHg＝1 atm＝1.013×10⁵ Pa）などがある*1．これらの単位は慣習として使用されている．

*1 1 mmHg＝1 Torr（トル）という単位もある．このほかに圧力の単位としてバール（bar）がある．1 bar＝1×10⁵ Pa で，1 atm にほぼ等しいことから，長い間，圧力の基本単位として使われてきた．教科書などでも bar を使っているものがあるので，注意すること．

31・2 単位の換算により磨かれる自然科学の感覚

エネルギーの SI 組立単位は J＝N m で，1 J は 1 N の力で 1 m の距離を移動したときの仕事量でもある．この値は，目に見える物体のエネルギーや仕事，熱を見積もる際に適当であるが，分子 1 個といったような，極微の世界のエネルギー，仕事，熱を見積もるには大きすぎる．そこで，SI 単位との併用が認められている電子ボルト（eV）という単位が分子や原子，電子 1 個のもつエネルギーの単位としてよく用いられる．1 eV は，1 個の電子が真空中で 1 V の電位差（電圧）の空間を通過することにより得る運動エネルギーの値で，1 eV＝1.602×10⁻¹⁹ J である．

放射能の SI 単位：放射能は Bq（ベクレル）という SI 組立単位で表し，SI 基本単位による表現では s⁻¹ である．物理的な意味は，放射性同位元素が 1 秒当たり 1 回，他の元素に変わるとき，1 Bq になる．この回数は，残っている放射性同位元素の数に比例することがわかっているので，結果として測定した時点で存在している放射性同位元素の数を表している．

放射性同位元素は他の元素に変化する過程で莫大なエネルギーを放出するためいろいろな物質を破壊する．このことをセシウム 137（¹³⁷Cs）で確認してみる．

- 1 個の ¹³⁷Cs が ¹³⁷Ba（バリウム 137）に変わる ⟶ 1.174×10⁶ eV のエネルギーを放出
- 1 mol の化学結合の切断 ⟶ 4×10⁵ J（400 kJ）程度のエネルギーが必要

この二つのエネルギー値を比較するためには，後者の量を 1 mol 当たりの J から，結合一つ当たりの eV へ変換する．

- 1 mol 当たりから 1 結合当たりへの変換：4×10⁵ J ⟶ 6.6×10⁻¹⁹ J（アボガドロ定数 N_A＝6.022×10²³ mol⁻¹ より 4×10⁵/N_A から）
- J から eV への変換：6.6×10⁻¹⁹ J ⟶ 4.1 eV（1 eV＝1.602×10⁻¹⁹ J を利用）

この換算より 1 個の ¹³⁷Cs が ¹³⁷Ba に変化するときに放出されるエネルギーは，化学結合を

$$\frac{1.174 \times 10^6 \,[\text{eV}]}{4.1 \,[\text{eV}]} = 2.9 \times 10^5$$

つまり 29 万個（あるいは 29 万回）切断可能なことが，数字の上からは言える．

光は真空中を 1 秒間に 3.00×10⁸ m 進むので，その速度は 3.00×10⁸ m s⁻¹ である．測定の時間単位を年，s，μs，ns，fs（フェムト秒，10⁻¹⁵ s），as（アト秒，10⁻¹⁸ s）とすると，宇宙から水分子のサイズまで適切に扱える範囲が変わってくる．

*2 1 光年＝9.460 528 4×10¹⁵ m．

- 年単位*2：9.46×10¹⁵ m（年）⁻¹ ⟶ 地球から太陽系に最も近い恒星までが 4.3 年
- 秒単位：3.00×10⁸ m s⁻¹ ⟶ 地球から月までが 1.28 秒
- μs 単位：300 m μs⁻¹ ⟶ 16 両編成の新幹線の先頭から最後までが 1.33 μs
- ns 単位：0.300 m ns⁻¹ ⟶ この本の縦の長さ分進むのに 0.86 ns
- fs 単位：3.00×10⁻⁷ m fs⁻¹ ⟶ ウィルスの直径分を進むのに 0.03 fs〜0.33 fs
- as 単位：3.00×10⁻¹⁰ m as⁻¹ ⟶ 水分子の大きさ分を進むのに 1 as

それぞれの単位にふさわしい場面をイメージすることが単位についての感覚(センス)を育てる.

例題 3 つぎの量を変換するとどのような数値になるだろうか.
(1) 1000 ヘクトパスカル (hPa) は □ バール (bar); $1.0 \times 10^{\square} \div \square =$ 0.987 気圧 (atm); □ mmHg; hPa と mmHg の換算係数は□になる.
(2) 1 日の摂取エネルギー 1300 キロカロリーは,1 cal=□ ジュールだから約 5400 キロジュールになる.

〔答:(1) 1, 5, 1.013×10^5, 750, 1.33; (2) 4.2(正確には 4.184)〕

例題 4 濃度の換算について,つぎの □ に数値を入れなさい.
ブドウ糖(モル質量は 180 g mol^{-1})18.0 g を水に溶かして水溶液の全量を 250 mL にするとき,このブドウ糖のモル数 n は $n=$□$/180=$□ になるから,モル濃度 c は $n/0.250=$□ mol L^{-1} になる.

〔答:順に,18.0; 0.100; 0.400〕

練習問題

1. 硫酸(モル質量 98.1 g mol^{-1})の水溶液について以下の量を求めなさい.ただし,水の密度は 1.00 g mL^{-1} とし,ごく薄い硫酸水溶液の密度も 1.00 g mL^{-1} としてよい.
(1) 硫酸の質量比が 24.5%(密度は 1.20 g mL^{-1})の水溶液のモル濃度は何 mol L^{-1} か.
(2) モル濃度が 3.60 mmol L^{-1} のときの質量比は何 ppm か.

付録

関数電卓の特徴

例題・練習問題・発展問題の解答

索　　引

関数電卓の特徴

到達目標　自然科学では，三角関数や対数の計算，簡単な統計計算をする場面に遭遇する．そのときに大活躍するのが関数電卓である．関数電卓は，普通の電卓とは使い方がかなり異なるので，関数電卓の使い方をマスターするためにはその特徴を知る必要がある．

薬学とのつながり　くすりや輸液のpH計算や薬物の減少速度を知るためには対数の計算が必要になる場合がある．また，三角関数の値が必要になる場面にも遭遇するであろう．

考えてみよう　普通の電卓では10＋2×3と計算すると，答えは □ になるが，関数電卓では □ になる．

〔答：順に，36；16〕

1　普通の電卓と関数電卓の使い方の違い

関数電卓と普通の電卓の違いのうち，おもなものを以下に示す．

関数電卓	普通の電卓
キーの種類（○ はある，△ はないこともあるという意味）	
○ 数字キー（0〜9）	○ 数字キー（0〜9）
○ 演算キー（＋，−，＝ など）	○ 演算キー（＋，−，＝ など）
○ クリアキー（CA，C，CE）	○ クリアキー（CA，C，CE）
○ メモリーキー（M＋ など）	△ メモリーキー（M＋ など）
○ （ ）キー	△ 関数キー（％，√ 程度）
○ 関数キー（20個以上）[*1]	
○ ファンクションキー（2ndF，Shift など）	
○ アンサーキー（Ans など）	
○ 入力支援キー（DEL，→ など）[*2]	
表示部	
複数行表示が主	1行表示がほとんど
・入力した計算式が残るものが多い	
・複数の表示方式に対応	
・表示する桁数の変更が可能	
内部の計算桁数（有効桁数）	
70桁以上（16桁以上）	計算桁数＝表示桁数，8〜12桁
計算方法	
・演算の優先順位に従う	入力した順番に計算する
・統計計算ができる	

[*1] 関数キーの種類と配列は機種によって異なる．

[*2] 入力した式が残るタイプの場合，← キーで戻りDELキーで該当部分を消去後，別の数値や関数を入力，計算結果を得ることができる．

① 関数電卓キーの使い方には特徴がある．
・キーに直接表示されている数値や関数はそのまま入力

例：$\log_{10} 2$ の計算　[log] [2] [＝]　0.30102… と答えが表示される[*3]．

・キーの周囲に表示されている関数や機能は，ファンクションキーを押したときに使える．

例：e^2 の計算　[2ndF] [ln] [2] [＝]　7.3890… と答えが表示される．2ndFや

[*3] 関数電卓では，
・常用対数は log
・自然対数は ln

*1 直接入力できる関数と，ファンクションキーの必要な関数の種類は機種によって違うので，注意のこと．

*2 表示の切り替えは，機種によって異なるので，説明書を熟読のこと．表示方法以外にも，カスタマイズできる機能がある．

Shift などのファンクションキーが必要な関数は，キーの上部にファンクションキーの色と同じ色で表示されている*1．この例で 2ndF キーを押さずに入力すると，ln 2＝0.693 14… と計算される．

② 関数電卓は計算結果の表示を変えることができる*2．1÷123 を計算させた場合，

- 標準表示では　0.008 130 0… と表示される．
- 固定小数点表示では　0.008（表示を 3 桁で指定した場合）と表示される．

丸められているのは表示上のみで，内部では 0.008 130… になっている．試しに，Ans（☞ p. 116, 4 参照）×5＝ と計算すると，0.041 が表示される．

- 浮動小数点表示では　$8.130\,081\,3\cdots \times 10^{-3}$
- 浮動小数点表示で有効桁数を設定できる機種で 4 桁に設定すると　8.130×10^{-3} となる．有効数字を考慮した計算を行うことが多い薬学では，ぜひ，利用したい機能で，こちらも，丸められているのは表示上のみ．
- 各自で最も使いやすいと思う表示をデフォルトに設定しておくとよい．

③ 関数電卓では 10 のべき乗の計算に便利な機能がある．$10^4 \times 10^{-4}$ を計算させる場合*3，

*3 機種により，y^x キーは ^ キーに，EXP キーは ×10^x キーになっている．

*4 (-) キーは，負号を入力するためのキーで引き算はできない．このキーがない機種では，引き算をするための － キーを代用する．

- 1 0 y^x 4 × 1 0 y^x (-) 4 ＝ と入力してもよいが
- EXP 4 × EXP (-) 4 ＝ と入力するほうが楽*4．

$4 \times 10^4 + 3 \times 10^4$ の計算は，

- 4 EXP 4 ＋ 3 EXP 4 ＝ と入力すればよい．

④ 関数電卓は科学計算が簡単にできるように設計されているコンピューターである．

- どのような計算ができるか
- どのように入力すればよいか

は，取扱説明書に記載されている．取扱説明書は紛失しないように，大切に保管すること*5．

*5 少し古いタイプの関数電卓では，ln 2 の値を求めたい場合，2 ln と入力する（＝ は不要）．最近の関数電卓の主流は数式通り入力式で，ln 2 の値は ln 2＝ と入力する．

2　普通の電卓と関数電卓の計算方法の違い

普通の電卓と関数電卓でつぎの計算をしてみよう．

$$10 + 2 \times 3 =$$

普通の電卓では 36 が，関数電卓では 16 が答えとして返ってくる．この違いを理解しないと，関数電卓を使いこなすことはできない．

普通の電卓では，入力した順序通りの計算を行っている．

$$10 + 2 \times$$

この時点で，10＋2＝12 が計算され，続いて 3＝が入力されたときに，

$$12 \times 3 = 36$$

となる[*1]．一方の関数電卓は，数学の優先順位通りに，すべての式入力を待って，高い順位のものから計算する．

$$10 + 2 \times 3 =$$

この式で＝キーが入力された瞬間に，関数電卓は内部で

$$2 \times 3 = 6$$
$$10 + 6 = 16$$

の計算を行っている．

[*1] 関数電卓の "＝" キーは，数学記号の＝ではなく，計算結果を呼び出しなさい，という命令を実行するものである．普通の電卓は，演算キーが押された瞬間に，＝キーが自動で押される動作をする．

3　普通の電卓と関数電卓の決定的な違い

関数電卓は，普通の電卓と違って，関数計算ができて，かつ計算の優先順位通りの計算をする特徴があるが，普通の電卓との最大の違いは，計算の正確さである．

普通の電卓と関数電卓でつぎの計算を行ってみると，

普通の電卓：　$1 \div 9 \times 9 =$ 0.999 999 9
関数電卓：　$1 \div 9 \times 9 =$ 1

この結果は計算に使う内部の桁数の違いと，最終桁の処理方法の違いによる[*2]．

普通の電卓：　$1 \div 9 = 0.111\ 111\ 1$，　　$0.111\ 111\ 1 \times 9 = 0.999\ 999\ 9$ と計算
　　　　　　（1段階目の計算の最後の桁が四捨五入されている）

関数電卓：　$1 \div 9 = 0.111\ 1\cdots\cdots$，
　　　　　　続いて $0.111\ 1\cdots\cdots \times 9 = 0.999\ 9\cdots\cdots = 1$
　　　　　　（内部の最後の桁で四捨五入するから，1 になる）

[*2] √ や分数のまま表示される機種が，最近は主流である．値を表示にしたい場合には，表示機能をもつキーを押せばよい．

普通の電卓では 8〜12 桁までしか計算せず，以降の桁は無視される．また，この桁数以上の数値は扱うことができない．

一方の関数電卓では，

- 有効桁数が 16 桁あるいはそれ以上
- 70 桁以上（$10^{-70} \sim 10^{70}$ の範囲以上）の計算も正確にできる（浮動小数点計算を行っている）

科学計算といっても，これ以上の桁数の計算を行う（精度を求める）ことはほぼ皆無だから，よほどのことがない限りは，関数電卓での計算では内部で行っている計算の誤差を気にする必要はない．逆に，一般の電卓で，8（12）桁以上の計算は，原理的に無理であることを理解しておこう[*3]．

[*3] 普通の電卓で，扱える桁数以上の数値が入力されたり，計算で得られると，先頭に E（エラー）が表示される．

関数電卓の特徴　115

4 関数電卓の便利な機能

① アンサー機能：関数電卓は，一つ前の計算結果を覚えている．

- この結果を呼び出すのが Ans キー．機種によっては，別の専用キーが割り当てられている*．
- 意識的に覚えさせる動作をしないでも覚えてくれているので，使いこなせると便利である．
- 電源を切っても，直近の計算結果は残っている．

② メモリー機能：普通の電卓にもある機能だが，使いこなせると便利である．

- 表示されている値を STO M+ でメモリーへ格納．
- メモリーに格納された値の読み出しは RCL M+ で行う．

＊ 専用の Ans キーがない機種の場合，2ndF や Shift キーを押してから読み出すことになる．

いくつかの定数と変数から成る計算式を多数回行いたい場合に便利．定数項のみをあらかじめ計算し，その結果をメモリーに格納しておく．

5 どんな関数電卓がよいか

関数電卓は家電量販店やホームセンターなどで購入できる．1000円しないものから，高いものは 8000 円近いものまで，ピンからキリまである．

実際に関数電卓が活躍する場面は，普通の電卓でもできる四則演算であったり，簡単な関数の呼び出し（sin, cos, log, ln など）である．薬学の計算で数値積分やソルバー（非線形最小二乗法）といった高級な機能は使う機会はほとんどないから，どの機種でも機能的に不足はない．

例題・練習問題・発展問題の解答*

第1章

例　題 1　(1) 10 000 J=10×1000 J なので，10 kJ
(2) 2 000 000 eV=2×1000×1000=2×1000 000 eV なので，2 MeV
(3) 0.000 0004 m=400÷1000÷1000÷1000=400÷1000 000 000 m なので，400 nm
(4) 1 kg=1000 g ゆえ，0.000 000 12 kg を g 表示にするには，1000 倍すればよいから，0.000 12 g

例　題 2　(1) 1 000 000 J=1×10^6 J（絶対値で 1 以上の数値では"桁数−1"が指数部の数値）
(2) 3 億=300 000 000=3×10^8
(3) 0.0033 m=3.3×10^{-3} m（絶対値で 0 以上 1 未満の数値では小数点以下第 x 位が 10^{-x} になる）

例　題 3　1 ppm は百万分の一（1/1 000 000）のこと．1 000 000=10^6 だから，1 ppm=10^{-6}．
1 ppb は十億分の一（1/1 000 000 000）のこと．1 000 000 000=10^9 だから，1 ppb=10^{-9}．

練習問題 1　(1) n は 10^{-9} を表す．400 nm=400×10^{-9} m=4×10^2×10^{-9} m=4×10$^{2-9}$ m=4×10^{-7} m．
(2) k は 10^3 を表す．286.0 kJ=286×10^3 J．
　ここで，286=2860/10=2860×10^{-1} だから 286×10^3 J=2860×10^{-1}×10^3 J=2860×10^2 J．
(3) k は 10^3 を表す．96.5 kC=96.5×10^3 C=9.65×10^1×10^3 C=9.65×10^4 C．

練習問題 2　(1) 10^{-9} を表すのは n．2.9×10^{-9} m=2.9 nm．
(2) 10^6 を表すのは M．5.6×10^6 Pa=5.6 MPa．
(3) 10^{14}=10^2×10^{12}，10^{12} を表すのは T．1.7×10^{14} Bq=1.7×10^2×10^{12} Bq=170 TBq．
(4) 10^{-1}=10^2×10^{-3}，10^{-3} を表すのは m．1.67×10^{-1} F=1.67×10^2×10^{-3} F=167 mF．

練習問題 3　1 ppm=10^{-6} のことゆえ，10 ppm=10×10^{-6}．1 L の 10 ppm は，1 L×10 ppm=1 L×10×10^{-6}=10 μL．

練習問題 4　水 1 L を 1 kg と考える．1 kg=10^3 g=10^6 mg．
1 kg の 1 ppm は 1 kg×1×10^{-6}=10^6 mg×1×10^{-6}=1 mg．
よって，1 mg L^{-1} は 1 ppm．1 ppm=1000 ppb だから 0.1 mg L^{-1}=0.1 ppm=100 ppb．

第2章

例　題 1　9.05−0.005=9.045，9.05+0.005=9.055

例　題 2　(1) 表示されている最後の桁（小数点以下第一位）に誤差が含まれるから，27.3±0.05 ℃．
(2) 小数点以下第二位に誤差が含まれるから，2.63±0.005 mL．

例　題 3　(1) 1.35−0.006 g=1.344 g，1.35+0.006 g=1.356 g．
(2) 0.006/1.35=0.0444…．よって，相対誤差 0.0044=0.44 %．

練習問題 1　(1) 絶対誤差が 30 cm につき ±0.4 μm だから，120 cm ならその 4 倍の ±1.6 μm．
(2) 30 cm=0.30 m=3×10^{-1} m につき 0.4 μm=4×10^{-7} m．
　相対誤差は (4×10^{-7})/(3×10^{-1})=1.3×10^{-6}．このように，普通，許容される誤差は非常に小さい．

練習問題 2　(1) 1 目盛りが 0.1 だから，その 1/10 までを目分量で読む．2.52 と読んだら，
　最後の桁に誤差が含まれるから，2.52±0.005．
(2) 1 目盛りが 0.05 だから，その 1/10 までを目分量で読む．2.265 と読んだら，
　最後の桁に誤差が含まれ，その大きさは±0.0025 だから，2.265±0.0025．

第3章

例　題 1　(1) 最後の桁（小数点以下第三位）に誤差が含まれる．誤差が含まれる桁までが有効桁数なので，4 桁．
(2) 最後の桁（小数点以下第四位）に誤差が含まれる．誤差が含まれる桁までが有効桁数なので，5 桁．

例　題 2　10.4 は小数点以下第一位の 4 に，1.45 は小数点以下第二位の 5 に誤差が含まれる．有効桁数はいずれも

---

* ▨ は問題文の □ に相当する．下線を付した数字は誤差を含む数．

3桁．しかし，誤差を含む最も大きい末位は小数点以下第一位だから，1.45を四捨五入して1.5とする．10.4−1.5=8.9．よって，有効数字は8.9，有効桁数は2桁．

例題3　14.8の有効桁数は3桁，8.5の有効桁数は2桁．よって14.8÷8.5=1.7411… の有効桁数は小さい方に合わせるから2桁なので，1.7.

例題4　$3.21×10^5+3.14×10^4=3.21×10^5+0.314×10^5$
末位を合わせて，$3.21×10^5+0.31×10^5=(3.21+0.31)×10^5=3.52×10^5$.

例題5　$(3.015×10^5)×(3.14×10^4)=3.015×3.14×10^9=9.4671×10^9$．
有効桁数は3桁（3.015と3.14で，有効桁数の小さい方に合わせる）で，$9.47×10^9$.

例題6　$(3.215×10^7)÷(3.24×10^4)=3.215÷3.24×10^3=0.992\,283\,95×10^3$．
有効桁数は3桁（3.215と3.24で，有効桁数の小さい方に合わせる）で，$9.92×10^2$.

例題7　1.012−0.9988=1.012−0.999=0.013．有効桁数は2桁（2桁の桁落ち）．

練習問題1　(1) 4.141+4.12=4.14+4.12=8.26　　(2) 4.141−4.12=4.14−4.12=0.02
(3) 4.141×4.12=17.060 92=17.1　　(4) 4.141÷4.12=1.005 097…=1.01

練習問題2　(1) $1.22×10^{-6}+9.89×10^{-7}=1.22×10^{-6}+0.989×10^{-6}$；末位を合わせて $1.22×10^{-6}+0.99×10^{-6}=2.21×10^{-6}$

(2) $1.22×10^{-6}-9.89×10^{-7}=1.22×10^{-6}-0.989×10^{-6}$；末位を合わせて $1.22×10^{-6}-0.99×10^{-6}=0.23×10^{-6}=2.3×10^{-7}$

(3) $(1.22×10^{-6})×(9.89×10^{-7})=(1.22×9.89)×(10^{-6}×10^{-7})=12.1×10^{-13}=1.21×10^{-12}$

(4) $(1.22×10^{-6})÷(9.89×10^{-7})=(1.22÷9.89)×(10^{-6}÷10^{-7})=0.123×10^1=1.23$

第4章

例題1　0　　実数，有理数，整数
3.14　　実数，有理数（314/100として分数にできる）
$π-1$　　実数，無理数（無理数から整数を引いても，無理数のまま）
$\frac{3}{4}$　　実数，有理数

例題2　(1) 2+3−0.1=5−0.1=4.9；　(2) $2x-y=3$，$-y=3-2x$，$y=2x-3$

例題3　(1) 正の数は0より大きいから，$a>0$
(2) −2未満に−2は含まれないから，$a<-2$
(3) 3より大きいに3は含まれないから，$a>3$

例題4　(1) $a-3 ≦(以上)\ x <(未満)\ 2$；
(2) $y <(右側の数より小さい) -1$，$1<(左側の数より大きい)\ y$

例題5　$\frac{5}{3}-\frac{1}{a}=\frac{5a}{3a}-\frac{3}{3a}=\frac{5a-3}{3a}$；　分数では分母を同じにしてから足し算，引き算をする．

練習問題1　(1) $\frac{3}{2}×\frac{2}{3}=\frac{3×2}{2×3}=\frac{6}{6}=1$

(2) $\frac{3}{2}÷\frac{2}{3}=\frac{3}{2}×\frac{3}{2}=\frac{3×3}{2×2}=\frac{9}{4}$

(3) $\frac{9}{8}×\frac{7}{12}=\frac{9×7}{8×12}=\frac{21}{32}$

(4) $\frac{9}{8}÷\frac{7}{12}=\frac{9}{8}×\frac{12}{7}=\frac{9×12}{8×7}=\frac{27}{14}$

(5) $\frac{a}{2}×\frac{1}{3}=\frac{a×1}{2×3}=\frac{a}{6}$

(6) $\frac{2}{a}÷\frac{1}{3}=\frac{2}{a}×\frac{3}{1}=\frac{2×3}{a×1}=\frac{6}{a}$

練習問題2　(1) $\frac{3}{2}+\frac{2}{3}=\frac{9}{6}+\frac{4}{6}=\frac{13}{6}$

(2) $\frac{3}{2}-\frac{2}{3}=\frac{9}{6}-\frac{4}{6}=\frac{5}{6}$

(3) $\dfrac{9}{8}+\dfrac{7}{12}=\dfrac{27}{24}+\dfrac{14}{24}=\dfrac{41}{24}$

(4) $\dfrac{9}{8}-\dfrac{7}{12}=\dfrac{27}{24}-\dfrac{14}{24}=\dfrac{13}{24}$

(5) $\dfrac{a}{2}-\dfrac{1}{3}=\dfrac{3a}{6}-\dfrac{2}{6}=\dfrac{3a-2}{6}$

練習問題 3　(1) $\dfrac{a+1}{2}-\dfrac{1}{3}=\dfrac{3(a+1)}{6}-\dfrac{2}{6}=\dfrac{3a+3-2}{6}=\dfrac{3a+1}{6}$

(2) $\dfrac{2}{a}-\dfrac{1}{3}=\dfrac{3\cdot 2}{3a}-\dfrac{a}{3a}=\dfrac{6-a}{3a}$ 〔$\dfrac{-a+6}{3a}$, $-\dfrac{a-6}{3a}$ も可〕

(3) $\dfrac{1}{2}+\dfrac{1}{a-1}=\dfrac{a-1}{2(a-1)}+\dfrac{2}{2(a-1)}=\dfrac{a+1}{2(a-1)}$

(4) $\dfrac{1}{a}+\dfrac{2}{a-1}=\dfrac{a-1}{a(a-1)}+\dfrac{2a}{a(a-1)}=\dfrac{3a-1}{a(a-1)}$ 〔$\dfrac{3a-1}{a^2-a}$ も可〕

(5) $\dfrac{1}{a^2-1}-\dfrac{1}{(a-1)^2}=\dfrac{1}{(a+1)(a-1)}-\dfrac{1}{(a-1)^2}=\dfrac{a-1}{(a+1)(a-1)^2}-\dfrac{a+1}{(a+1)(a-1)^2}$
$=\dfrac{(a-1)-(a+1)}{(a+1)(a-1)^2}=-\dfrac{2}{(a+1)(a-1)^2}$ 〔$\dfrac{-2}{a^3-a^2-a+1}$ も可〕

練習問題 4　(1) $\dfrac{1}{\sqrt{3}}=\dfrac{1}{\sqrt{3}}\times\dfrac{\sqrt{3}}{\sqrt{3}}=\dfrac{\sqrt{3}}{3}$

(2) $\dfrac{2}{\sqrt{3}}-\sqrt{3}=\dfrac{2\sqrt{3}}{3}-\dfrac{3\sqrt{3}}{3}=-\dfrac{\sqrt{3}}{3}$

(3) $\dfrac{2}{\sqrt{3}+1}=\dfrac{2(\sqrt{3}-1)}{(\sqrt{3}+1)(\sqrt{3}-1)}=\dfrac{2(\sqrt{3}-1)}{3-1}=\dfrac{2(\sqrt{3}-1)}{2}=\sqrt{3}-1$

(4) $\dfrac{\sqrt{2}+1}{\sqrt{2}-1}=\dfrac{(\sqrt{2}+1)(\sqrt{2}+1)}{(\sqrt{2}-1)(\sqrt{2}+1)}=\dfrac{3+2\sqrt{2}}{2-1}=3+2\sqrt{2}$

第5章

例題 1　$x:0.5=634:0.1$ より $x=3170$ m. cm 単位でも同じ結果となる. $x:50=634:10$ より $x=3170$ m.

例題 2　表より $t=1.0$ のとき $s=300$ だから, $s=300\cdot t$ となる. また, この式に $t=2.0$ を代入し, $s=600$ km.

例題 3　表より $xy=5.00\times 200=1000$, $10.0\times 100=1000$, $15.0\times 66.7=1000.5$, $25.0\times 40.0=1000$.
よって, $xy=1000$ が成り立つ. また, この式に $x=20.0$ を代入し, $y=50.0$ 分.

例題 4　"長方形の面積=長辺の長さ×短辺の長さ" なので, 題意より $xy=20$. あるいは $y=\dfrac{20}{x}$. これらの式に $x=1.0, 2.0, 5.0$ を代入すると, $x=1.0$ m のとき $y=20$ m, $x=2.0$ m のとき $y=10$ m, $x=5.0$ m のとき $y=4.0$ m.

例題 5　760 mmHg のとき 1 atm で mmHg と atm は同じ圧力の単位だから比例関係にある. x mmHg で y atm とすると, $760:1=x:y$ より $y=\dfrac{1}{760}x$. $x=130$ mmHg のとき, $y=0.171$ atm, $x=76$ mmHg のとき, $y=0.10$ atm.

練習問題 1　(1) $x:y=2:3=6:9$. $2y=3x$ なので, $y=\dfrac{3}{2}x$.

(2) $x:y=-5:-4=20:16$. $-5y=-4x$ なので, $y=\dfrac{-4}{-5}x=\dfrac{4}{5}x$.

(3) $xy=1\times 12=12=6\times 2$; 比例定数 12.

(4) $xy=2\times 30=60=15\times 4$; 比例定数 60.

練習問題 2　$x=90°$ のとき $y=\dfrac{1}{2}\pi$ であり x と y は比例関係にあるので, $x:y=90:\dfrac{1}{2}\pi$ より $90y=\dfrac{1}{2}\pi x$.
よって, $y=\dfrac{\pi}{180}x$ 　($\dfrac{\pi}{180}$ は比例定数).

x に 0, 180, 270, 360 を代入して表内の値を求める; $y=0$, π, $\dfrac{3}{2}\pi$, 2π.

発展問題 1　(1) 物質量は質量に比例する. 180.2 g $:1$ mol $=5.4$ g $:n$ mol より $n=0.030$ mol.

(2) 分子数は物質量に比例する. 1 mol $:6.022\times 10^{23}=0.030$ mol $:N$ 個より $N=1.8\times 10^{22}$ 個.

(3) モル濃度は物質量÷体積. $c_1=0.030$ mol $\div 1$ L $=0.030$ mol L^{-1}.

(4) 同様に, 0.030 mol $\div 0.01$ L $=3.0$ mol L^{-1}

120　付　　録

別法：モル濃度は物質量に比例し体積に反比例する．0.030 mol：0.01 L$=c_2$ mol：1 L．1 L$\times 0.030$ mol L$^{-1}=0.01$ L$\times c_2$ mol L^{-1} より，$c_2=3.0$ mol L^{-1}．

発展問題 2　(4) の溶液の濃度と，(3) の溶液の濃度の比は 3.0 mol^{-1}：0.030 mol L$^{-1}=100$：1．
よって，(4) の溶液を $\dfrac{1}{100}$ にすればよい．(4) の溶液を 10 mL とり，1 L にするなど．

第6章

例　題 1　$x:y=1:\sqrt{2}$ より $y=\sqrt{2}\,x$

例　題 2　$xy=20$ なので，$y=\dfrac{20}{x}$ $(0<x)$．漸近線は $x=\underline{0}$，$y=\underline{0}$．

例　題 3　(1) $f(x)=3x$ で $f(1)=3\times 1=\underline{3}$
(2) $f(x)=\dfrac{2}{x}$ で $f(2)=\dfrac{2}{2}=\underline{1}$
(3) $f(x)=0.5x^2$ で $f(3)=0.5\times 3^2=\underline{4.5}$
(4) $f(x)=|x-2|$ で $f(4)=|4-2|=|2|=\underline{2}$

練習問題 1　(1) 比例の方程式は $y=kx$．$x=2.5$，$y=2.0$ を代入し，$k=0.8$．よって $y=\underline{0.8}\,x$，$f(x)=\underline{0.8}\,x$．
(2) 反比例の方程式は $xy=k$．$x=2.5$，$y=2.0$ を代入し，$k=5.0$．よって $y=\underline{\dfrac{5.0}{x}}$，$f(x)=\underline{\dfrac{5.0}{x}}$．

練習問題 2　$f(x)=2x$ より，$f(a+1)=2(a+1)$，$f(a)+1=2a+1$，$3f(a)=3\times 2a=6a$，$f(3a)=2(3a)=6a$，$3f(a)+1=6a+1$，$f(3a+1)=2(3a+1)$

第7章

例　題 1　x が 1 増えるごとに y は 1.5 増加する．よって，$x=0,3$ のときそれぞれ $y=\underline{0.5},\underline{5}$ となる．また $x=2$ のとき，x–y 対応表から $y=\underline{3.5}$ とわかる．

例　題 2　x が 1 増えると y は 5.0 減少する．よって $x=0,4$ のときそれぞれ $y=\underline{20.0},\underline{0}$ となる．
直線の傾きが -5.0，y 切片が 20 なので，$y=\underline{-5.0}\,x+\underline{20.0}$．

例　題 3　(1) 傾きが 3 なので，$y=3x+b$，$x=1$ と $y=2$ を代入し，$2=3+b$ より $b=-1$．よって，$y=3x\underline{-1}$ となる．
(2) 傾きが -2 なので，$y=-2x+b$，$x=-3$ と $y=7$ を代入し，$b=1$．よって，$y=\underline{-2}x+\underline{1}$ となる．

例　題 4　(1) 傾きは $\dfrac{y_2-y_1}{x_2-x_1}=\dfrac{4-(-2)}{3-1}=3$ より $y=3x+b$．$x=1$，$y=-2$ を代入し，$b=-5$．よって $y=3x\underline{-5}$ となる．
(2) 傾きは $\dfrac{y_2-y_1}{x_2-x_1}=\dfrac{-1-7}{7-3}=-2$ なので，$y=-2x+b$．$x=3$ と $y=7$ を代入し，$b=13$．よって $y=\underline{-2}x+\underline{13}$ となる．

練習問題 1

x/mg mL^{-1}	30	45	60
y/h	25	35	45

x が 15 増えると y は 10 増加するから，傾き$=\dfrac{10}{15}=\dfrac{2}{3}$
より $y=\dfrac{2}{3}x+b$．$x=30$ のとき $y=25$ を代入すると，$b=5$．よって，$y=\dfrac{2}{3}x+5$．

第8章

例　題 1　(1) $x^2-2x+1=(x-1)^2$ なので，$x=1$ のときに最小となる．
(2) $(x-1)^2+(x-3)^2=x^2-2x+1+x^2-6x+9=2x^2-8x+10=2(x-2)^2+2$ より $x=2$ のときに最小となる．

練習問題 1

i	x_i	y_i	x_i^2	y_i^2	$x_i y_i$
1	1.00	8.00	1.00	64.00	8.00
2	2.00	7.50	4.00	56.25	15.00
3	3.00	5.50	9.00	30.25	16.50
4	5.50	4.00	30.25	16.00	22.00
5	8.50	3.00	72.25	9.00	25.50
計	20.00	28.00	116.50	175.50	87.00
	和	和	平方和	平方和	積和

$a=\dfrac{5\times 87.00-20.00\times 28.00}{5\times 116.50-20.00^2}=-0.685$

$b=\dfrac{116.50\times 28.00-20.00\times 87.00}{5\times 116.50-20.00^2}=8.34$

より
$y=-0.685x+8.34$

例題・練習問題・発展問題の解答　121

発展問題 1　平均値：　$\bar{x} = (3+4+2+3) \div 4 = $ <u>3</u>;　　$\bar{y} = (4+4+3+5) \div 4 = $ <u>4</u>
分　散：　$v_x = \{(3-3)^2 + (4-3)^2 + (2-3)^2 + (3-3)^2\} \div 4 = $ <u>0.5</u>
$v_y = \{(4-4)^2 + (4-4)^2 + (3-4)^2 + (5-4)^2\} \div 4 = $ <u>0.5</u>
共分散：　$S_{xy} = \{(3\times 4) + (4\times 4) + (2\times 3) + (3\times 5)\} \div 4 - (3\times 4) = $ <u>0.25</u>
　　　　　$a = S_{xy} \div v_x = 0.25 \div 0.5 = 0.5$;　　$b = \bar{y} - a\bar{x} = 4 - 0.5 \times 3 = 2.5$
よって，回帰直線は $y =$ <u>0.5</u>$x +$ <u>2.5</u> となる．

第 9 章

例　題 1　34 億年 $= 3.4 \times 10^9$ 年，25 μm $= 2.5 \times 10^{-5}$ m

例　題 2　(1) $10^3 = $ <u>1000</u>，$10^0 = $ <u>1</u>，$10^{-1} = $ <u>0.1</u>，$10^{0.5} = $ <u>$\sqrt{10}$</u> $= 3.162\cdots$
(2) $4^3 = $ <u>64</u>，$4^0 = $ <u>1</u>，$4^{-1} = $ <u>0.25</u>，$4^{0.5} = \sqrt{4} = $ <u>2</u>
(3) $(0.5)^3 = $ <u>0.125</u>，$(0.5)^0 = $ <u>1</u>，$(0.5)^{-1} = \left(\frac{1}{2}\right)^{-1} = \frac{1}{2^{-1}} = $ <u>2</u>，$(0.5)^{0.5} = \left(\frac{1}{2}\right)^{0.5} = \frac{1}{2^{0.5}} = \frac{1}{\sqrt{2}} = $ <u>$\frac{\sqrt{2}}{2}$</u>

例　題 3　(1) $2^3 \times 2^5 = 2^{3+5} = 2^8$　　(2) $3^5 \div 3^2 = 3^{5-2} = 3^3$
(3) $4^3 = (2^2)^3 = 2^{2\times 3} = 2^6$　　(4) $4\sqrt{2} = 2^2 \times 2^{0.5} = 2^{2+0.5} = 2^{2.5}$
(5) $\frac{\sqrt{3}}{9} = 3^{0.5} \div 3^2 = 3^{0.5-2} = 3^{-1.5}$　　(6) $2^4 \times 3^4 = (2\times 3)^4 = 6^4$
(7) $(3.0\times 10^4) \times (2.0\times 10^4) = (3.0\times 2.0) \times 10^4 \times 10^4 = 6.0 \times 10^{4+4} = $ <u>6.0×10^8</u>
(8) $(3.0\times 10^6) \div (2.0\times 10^4) = (3.0\div 2.0) \times (10^6 \div 10^4) = 1.5 \times 10^{6-4} = $ <u>1.5×10^2</u>
(9) $(3.0\times 10^8)^2 = 3.0^2 \times 10^{8\times 2} = $ <u>9.0×10^{16}</u>

例　題 4　(1) $(1+2)^4 = 3^4 = $ <u>81</u>，$1^4 + 2^4 = 1 + 16 = $ <u>17</u> だから，$(1+2)^4 \neq 1^4 + 2^4$ 〔$\neq$ は $>$ でも可〕
(2) $(2+3)^{-1} = \frac{1}{2+3} = \frac{1}{5}$，$2^{-1} + 3^{-1} = \frac{1}{2} + \frac{1}{3} = \frac{5}{6}$ だから $(2+3)^{-1} \neq 2^{-1} + 3^{-1}$ 〔$\neq$ は $<$ でも可〕
(3) $2\times 10^6 + 3\times 10^5 = 20\times 10^5 + 3\times 10^5 = 23\times 10^5$
(4) $2\times 10^{-6} + 3\times 10^{-5} = 0.2\times 10^{-5} + 3\times 10^{-5} = $ <u>3.2×10^{-5}</u>

練習問題 1　(1) $100^3 = (10^2)^3 = 10^6$　　(2) $100^0 = $ <u>1</u>
(3) $100^{-1} = 10^{-2} = \frac{1}{10^2} = \frac{1}{100}$　　(4) $100^{0.5} = \sqrt{100} = \sqrt{10^2} = $ <u>10</u>
(5) $100^{1.5} = 100^{1+0.5} = 100\times 100^{0.5} = $ <u>$100\times\sqrt{100}$</u> $= $ <u>1000</u>
(6) $100^{-2.5} = 100^{-3+0.5} = 100^{-3}\times 100^{0.5} = 100^{-3}\times 10 = \frac{10}{(10^2)^3} = \frac{10}{10^6} = \frac{1}{10^5}$

練習問題 2　(1) $5^{10}\times 2^{10} = (5\times 2)^{10} = 10^{10}$；正
(2) $(100^2)^3 = 100^{2\times 3} = 100^6$；正
(3) $(100^2)^0 = 100^{2\times 0} = 100^0 = 1$；誤
(4) $3.22\times 10^{-3} + 1.50\times 10^{-4} = (3.22 + 0.15)\times 10^{-3} = 3.37\times 10^{-3}$；誤

第 10 章

例　題 1　$e = 2.7$ として計算：$e^2 = $ <u>7.3</u>，$e^0 = $ <u>1.0</u>，$e^{-1} = $ <u>0.37</u>，$e^3\times e^2 = e^{3+2} = e^5$，$e^5\div e^2 = e^{5-2} = e^3$，
$e\sqrt{e} = e^1\times e^{0.5} = e^{1.5}$，$\frac{1}{\sqrt{e}} = \frac{1}{e^{0.5}} = e^{-0.5}$

練習問題 1　$2.718\,055\,556 + 0.000\,198\,413 = 2.718\,253\,969$ なので，小数点以下第四位まで正しい．

練習問題 2　(1) $(e^{-2})^3\times e^5 = e^{-6}\times e^5 = e^{-1} = 0.37$（$e = 2.7$ として計算；以下も同様）
(2) $(e - e^{-1})^2 = e^2 + e^{-2} - 2\times e\times e^{-1} = e^2 + e^{-2} - 2 = 5.43$
(3) $e^3 - e^{-3} = (e - e^{-1})(e^2 + e^{-2} + 1) = 19.6$
(4) $\frac{1}{1+e} - \frac{1}{1-e} = \frac{(1-e)-(1+e)}{(1+e)(1-e)} = -\frac{2e}{1-e^2} = 0.86$
(5) $\{\exp(0.5) - \exp(-0.5)\}\{\exp(0.5) + \exp(-0.5)\} = \exp(0.5\times 2) - \exp(-0.5\times 2)$
　　　　　　　　　　　　　　　　　　$= \exp(1) - \exp(-1) = e - e^{-1} = 2.3$

第11章

例題1
20 は 2 の 10 倍なので，$\log_{10} 20 = \log_{10} 2 + 1 =$ **1.301**
200 は 2 の 100 倍なので，$\log_{10} 200 = \log_{10} 2 + 2 =$ **2.301**
2000 は 2 の 1000 倍なので，$\log_{10} 2000 = \log_{10} 2 + 3 =$ **3.301**
0.2 は 2 の 0.1 倍なので，$\log_{10} 0.2 = \log_{10} 2 - 1 =$ **−0.699**
0.002 は 2 の 0.001 倍なので，$\log_{10} 0.002 = \log_{10} 2 - 3 =$ **−2.699**
$\log_{10} x = 4.301 = 4 + 0.301 = 4 + \log_{10} 2$ なので，x は 2 の 10^4 倍，よって $x = 20\,000 =$ **2×10^4**
$\log_{10} x = -3 + 0.301 = -3 + \log_{10} 2$ なので，x は 2 の 0.001 倍．よって $x = 0.002 =$ **2×10^{-3}**

例題2
$e^{1.10} = 3.00 \iff 1.10 = \log_e 3.00$ から $\log_e 3.00 =$ **1.10**
$e^{3.00} = 20.1 \iff 3.00 = \log_e 20.1$ から $\log_e$ **20.1** $= 3.00$
$e^{-1} = 0.368 \iff -1 = \log_e 0.368$ から $\log_e 0.368 =$ **−1**

例題3 表の右端の値より，$\log_{10} 10 = 1.000$，$\log_e 10 = 2.3026$．よって，$\log_e 10 / \log_{10} 10 = 2.3026/1.000 = 2.3026$

例題4 $3^{\log_3 2} = x$ として，両辺の対数を 3 を底としてとる．
$\log_3 3^{\log_3 2} = \log_3 x$，左辺 $= \log_3 2 \cdot \log_3 3 = \log_3 2 = \log_3 x =$ 右辺．よって，$x =$ **2**．
同様にして，$5^{\log_5 2} =$ **2**，$10^{\log_{10} 2} =$ **2**，$e^{\log_e 2} =$ **2**．

練習問題1 $\log_{10} 2 + \log_{10} 5 =$ **0.3010 + 0.6990 = 1.000**，$\log_{10} 2 + \log_{10} 5 = \log_{10} (2 \times 5) = \log_{10} 10 =$ **1**
$\log_e 6 - \log_e 3 =$ **1.7918 − 1.0986 = 0.6932**，$\log_e 6 - \log_e 3 = \log_e (6 \div 3) = \log_e 2 =$ **0.6931**
丸め誤差によって最終桁の数値が変わることがある．

練習問題2 題意より $\log_{10} x - \log_{10} y = 0.3 = \log_{10} 2$ が成立する．
$\log_{10} x - \log_{10} y = \log_{10} (x/y) = \log_{10} 2$，$x/y = 2$ より $x = 2y$ となり，2 倍異なることがわかる．

第12章

例題1
(1) $x^2 = 4$ より $x = \pm 2$
(2) $-(2x-1)^2 = 0$，$(2x-1)^2 = 0$，$2x-1 = 0$ より $x = \frac{1}{2}$
(3) $x^2 + x + 1 = \left(x + \frac{1}{2}\right)^2 - \frac{1}{4} + 1 = \left(x + \frac{1}{2}\right)^2 + \frac{3}{4} = 0$，$\left(x + \frac{1}{2}\right)^2 = -\frac{3}{4}$ より，2 乗して負になる実数はないから，実数解はない．
(4) $x^2 = x$，$x^2 - x = 0$，$x(x-1) = 0$，$x = 0$ あるいは $x = 1$．

例題2
(1) グラフと x 軸の交点の x 座標は 3 と −1 ゆえ，正の実数解をもつ．
(2) グラフと x 軸の交点の x 座標は 2 と −4 ゆえ，正の実数解をもつ．
(3) グラフと x 軸の交点はないので，実数解をもたない．

練習問題1
(1) $(x-2)^2 = 0$，$x-2 = 0$ より $x = 2$
(2) $(x-2)^2 - 4 = 0$，$(x-2)^2 = 4$，$x-2 = \pm 2$ より $x = 0, 4$
(3) $x^2 + 2x - 3 = 0$，$(x+1)^2 - 1 - 3 = 0$，$(x+1)^2 = 4$，$x+1 = \pm 2$ より $x = 1, -3$
(4) $2x^2 - 5x + 1 = 0$，解の公式を利用すると $x = \dfrac{-(-5) \pm \sqrt{(-5)^2 - 4 \cdot 2 \cdot 1}}{2 \cdot 2} = \dfrac{5 \pm \sqrt{17}}{4}$
(5) $\log_{10} x = y$ とすると，$(\log_{10} x)^2 - 2(\log_{10} x) + 1 = y^2 - 2y + 1 = (y-1)^2 = 0$ より $y = 1$ が解．
$\log_{10} x = 1$ より $x = 10$．

練習問題2 $\alpha = \dfrac{-K_a \pm \sqrt{K_a^2 + 4cK_a}}{2c} = \dfrac{-1.75 \times 10^{-5} \pm \sqrt{(1.75 \times 10^{-5})^2 + 4 \times 1.0 \times 10^{-5} \times 1.75 \times 10^{-5}}}{2 \times 1.0 \times 10^{-5}} = 0.71 \quad (0 < \alpha < 1)$
補足：このときの pH は $\text{pH} = -\log [\text{H}^+] = -\log (c\alpha) = -\log (1.0 \times 10^{-5} \times 0.71) = -\log (7.1 \times 10^{-6}) = 5.1$
となる．

第13章

例題1 $1.1^{20} = (1.1^{10})^2 = 2.59^2 = 6.71$；$1.1^{30} = 1.1^{(20+10)} = 1.1^{20} \times 1.1^{10} = 6.71 \times 2.59 =$ **17.4**

練習問題1 日数を x とすると，10 日で 1.1 倍になるのだから，借金の総額は $1.1^{x/10}$〔万円〕で表すことができる．

$x=30, 360$ を代入すると，$1.1^{30/10}=1.1^3=1.33$ 万円，$1.1^{360/10}=1.1^{36}=(1.1^6)^6=30.9$ 万円

練習問題 2 $f(x)=0.6^{x/8}=z$ とし，両辺の自然対数をとり，$\log_e z=\log_e 0.6^{x/8}=\frac{x}{8}\log_e 0.6=\frac{x}{8}\cdot(-0.51)=-0.0638x$.
これより $z=e^{-0.0638x}=(e^{-x})^{0.0638}$. よって，$y=e^{-x}$ のグラフを x 軸方向に $1/0.0638=15.7$ 倍に拡大して得られる．

練習問題 3 20 分 $=\frac{1}{3}$ 時間で 2 倍になるのだから，時間を t として $f(t)=2^{3t}$ となる．$f(t)=10^8$ になる時間は，$2^{3t}=10^8$ とし，両辺の常用対数をとり，$\log_{10} 2^{3t}=\log_{10} 10^8$，$3t\log_{10} 2=8$，$3t\times 0.301=8$ より $t=8.9$ h．

発展問題 1 8 時間につき 40 % 減少するので，8 時間で 0.6 残っていることになる．残量を y, 経過時間を t 時間とすると $y=0.6^{t/8}$．$t=24$ を代入すると，$y=0.6^3$ となり，② が正しい．

第 14 章

例 題 1 $\mathrm{pH}=-\log_{10}[\mathrm{H}^+]$, $K_w=[\mathrm{H}^+][\mathrm{OH}^-]=1\times 10^{-14}$ より，$[\mathrm{H}^+]=0.1$ mol L^{-1} のとき $\mathrm{pH}=-\log_{10} 0.1=1$, $[\mathrm{OH}^-]=(1\times 10^{-14})/(1\times 10^{-1})=1\times 10^{-13}$ mol L^{-1}. $\mathrm{pH}=10$ のとき $10=-\log_{10}[\mathrm{H}^+]=-\log_{10} 10^{-10}$ より $[\mathrm{H}^+]=1\times 10^{-10}$ mol L^{-1}, $[\mathrm{OH}^-]=(1\times 10^{-14})/(1\times 10^{-10})=1\times 10^{-4}$ mol L^{-1}.

練習問題 1 $\log_2 x = \frac{\log_{10} x}{\log_{10} 2} = \frac{1}{0.301}\log_{10} x = 3.32 \log_{10} x$; $\log_2 x = \frac{\log_e x}{\log_e 2} = \frac{1}{0.693}\log_e x = 1.44 \log_e x$

練習問題 2 $\mathrm{pH}=-\log_{10}[\mathrm{H}^+]=-\log_{10} 0.001 = 3$
$\mathrm{pH}+\mathrm{pOH}=14$ より，$\mathrm{pOH}=11$, $\mathrm{pOH}=-\log_{10}[\mathrm{OH}^-]$, $[\mathrm{OH}^-]=10^{-\mathrm{pOH}}=10^{-11}$

発展問題 1 $v=5$ のとき： $\mathrm{pH}=1-\log_{10} 5+\log_{10} 15=1-\log_{10} 5+\log_{10}(5\times 3)=1-\log_{10} 5+\log_{10} 5+\log_{10} 3 = 1+\log_{10} 3 = 1+0.48 = 1.48$
$v=15$ のとき： $\mathrm{pH}=13-\log_{10} 25+\log_{10} 5=13-\log_{10} 5^2+\log_{10} 5=13-2\log_{10} 5+\log_{10} 5 = 13-\log_{10} 5 = 13-0.70 = 12.30$

第 15 章

例 題 1 $\sin\frac{\pi}{4}=\frac{1}{\sqrt{2}}$, $\cos\frac{\pi}{4}=\frac{1}{\sqrt{2}}$, $\tan\frac{\pi}{4}=1$, $\sin\frac{3\pi}{4}=\frac{1}{\sqrt{2}}$, $\cos\frac{3\pi}{4}=-\frac{1}{\sqrt{2}}$, $\tan\frac{3\pi}{4}=-1$

例 題 2 $f(x)=f(-x)$ が成立するのは $f(x)$ が y 軸に対して対称な関数のときである．それゆえ，$f(x)=\cos x=\cos(-x)=f(-x)$. $\sin x$ と $\tan x$ では $f(-x)=-f(x)$ が成立する．

例 題 3 周期 1; 振幅 3
$y=\sin x=\sin(x+0)=\sin(x+2\pi)$ だから x のときの周期は 2π.
$y=\sin 2\pi x=\sin 2\pi(x+0)=\sin 2\pi(x+1)$ だから周期は 1.

例 題 4 $f(x, t)=a\sin 2\pi\left(\frac{x}{\lambda}-\frac{t}{\tau}\right)$ で，λ が波長，τ が周期，a が振幅なので，波長 3; 周期 4; 振幅 4.

練習問題 1 周期 $\frac{2}{3}$; 振幅 4; 値域 $-1 \leqq y \leqq 7$

練習問題 2 $f(x, t)=3\sin 2\pi(4x-10t)=3\sin 2\pi[x/(1/4)-t/(1/10)]$, 波長 $\frac{1}{4}$; 周期 $\frac{1}{10}$; 振幅 3

練習問題 3 $y=3\sin 2\pi\left(\frac{x}{2}-t\right)$

第 16 章

例 題 1 5 分は $\frac{1}{12}$ h だから，$t=0$ h; $\Delta t=\frac{1}{12}$ h,
$\frac{f(t+\Delta t)-f(t)}{\Delta t} = \left\{45\times\left(0+\frac{1}{12}\right)^2 - 45\times 0^2\right\}\div\frac{1}{12} = 3.75$ km h^{-1}

例 題 2 $\lim_{\Delta t\to 0}\frac{\Delta y}{\Delta t} = \lim_{\Delta t\to 0}\frac{45\left(\frac{1}{6}+\Delta t\right)^2 - 45\left(\frac{1}{6}\right)^2}{\Delta t} = \lim_{\Delta t\to 0}\frac{45\left\{\frac{1}{3}\Delta t+(\Delta t)^2\right\}}{\Delta t} = \lim_{\Delta t\to 0} 45\left(\frac{1}{3}+\Delta t\right) = 15$ km h^{-1}

付　録

練習問題 1 $\lim_{\Delta t \to 0}\dfrac{f\left(\frac{1}{4}+\Delta t\right)^2 - f\left(\frac{1}{4}\right)^2}{\Delta t} = \lim_{\Delta t \to 0}\dfrac{45\left\{\frac{1}{2}\Delta t + (\Delta t)^2\right\}}{\Delta t} = \lim_{\Delta t \to 0} 45\left(\frac{1}{2}+\Delta t\right) = 22.5 \text{ km h}^{-1}$

練習問題 2 ウサギの速度は $f(t)=y=15t$

スタート直後（$t=0$）：

$$\lim_{\Delta t \to 0}\frac{\Delta y}{\Delta t} = \lim_{\Delta t \to 0}\frac{f(0+\Delta t) - f(0)}{\Delta t} = \lim_{\Delta t \to 0}\frac{15(0+\Delta t) - 15\cdot 0}{\Delta t} = \lim_{\Delta t \to 0}\frac{15\Delta t}{\Delta t} = 15 \text{ km h}^{-1}$$

ゴール直前（$t=1/3$）

$$\lim_{\Delta t \to 0}\frac{\Delta y}{\Delta t} = \lim_{\Delta t \to 0}\frac{f\left(\frac{1}{3}+\Delta t\right) - f\left(\frac{1}{3}\right)}{\Delta t} = \lim_{\Delta t \to 0}\frac{15\left(\frac{1}{3}+\Delta t\right) - 15\cdot \frac{1}{3}}{\Delta t} = \lim_{\Delta t \to 0}\frac{15\Delta t}{\Delta t} = 15 \text{ km h}^{-1}$$

第 17 章

例 題 1 $f'(1) = \lim_{\Delta x \to 0}\dfrac{2(1+\Delta x)^2 - 2\cdot 1^2}{\Delta x} = \lim_{\Delta x \to 0}(4 + 2\Delta x) = 4$

例 題 2 (1) $\dfrac{\Delta y}{\Delta x} = \dfrac{3(x+\Delta x) - 3x}{\Delta x} = 3,\quad \lim_{\Delta x \to 0}\dfrac{\Delta y}{\Delta x} = \lim_{\Delta x \to 0} 3 = 3$

(2) $\dfrac{\Delta y}{\Delta x} = \dfrac{3(x+\Delta x)^2 - 3x^2}{\Delta x} = \dfrac{6x\cdot\Delta x + 3(\Delta x)^2}{\Delta x} = 6x + 3\Delta x,\quad \lim_{\Delta x \to 0}\dfrac{\Delta y}{\Delta x} = \lim_{\Delta x \to 0}(6x + 3\Delta x) = 6x$

例 題 3 (1) $\dfrac{\mathrm{d}}{\mathrm{d}x}f(x) = \dfrac{\mathrm{d}}{\mathrm{d}x}(4x^2) = 8x$

(2) $\dfrac{\mathrm{d}}{\mathrm{d}x}f(x) = \dfrac{\mathrm{d}}{\mathrm{d}x}\left(\dfrac{2}{x}\right) = \dfrac{\mathrm{d}}{\mathrm{d}x}(2x^{-1}) = -2x^{-2}\quad \left[-\dfrac{2}{x^2}\text{ も可}\right]$

(3) $\dfrac{\mathrm{d}}{\mathrm{d}x}f(x) = \dfrac{\mathrm{d}}{\mathrm{d}x}(x^{3/2}) = \dfrac{3}{2}x^{1/2} = \dfrac{3}{2}\sqrt{x}$

(4) $\dfrac{\mathrm{d}}{\mathrm{d}x}f(x) = \dfrac{\mathrm{d}}{\mathrm{d}x}(3\mathrm{e}^x) = 3\dfrac{\mathrm{d}}{\mathrm{d}x}(\mathrm{e}^x) = 3\mathrm{e}^x$

練習問題 1 $\dfrac{\Delta y}{\Delta t} = \dfrac{f(t+\Delta t) - f(t)}{\Delta t} = \dfrac{\dfrac{1}{t+\Delta t} - \dfrac{1}{t}}{\Delta t} = \dfrac{-\Delta t}{\Delta t \cdot t \cdot (t+\Delta t)} = \dfrac{-1}{t(t+\Delta t)}$

$\dfrac{\mathrm{d}y}{\mathrm{d}t} = \lim_{\Delta t \to 0}\dfrac{\Delta y}{\Delta t} = -\dfrac{1}{t^2}$

第 18 章

例 題 1 (1) $y = x(x+1) = x^2 + x$ より

$$\frac{\mathrm{d}y}{\mathrm{d}x} = \frac{\mathrm{d}}{\mathrm{d}x}(x^2 + x) = \frac{\mathrm{d}}{\mathrm{d}x}(x^2) + \frac{\mathrm{d}}{\mathrm{d}x}(x) = 2x + 1$$

(2) $y = x + \dfrac{1}{x} = x + x^{-1}$

$$\frac{\mathrm{d}y}{\mathrm{d}x} = \frac{\mathrm{d}}{\mathrm{d}x}(x + x^{-1}) = \frac{\mathrm{d}}{\mathrm{d}x}(x) + \frac{\mathrm{d}}{\mathrm{d}x}(x^{-1}) = 1 - x^{-2} = 1 - \frac{1}{x^2}$$

(3) $y = \dfrac{3x-4}{\sqrt{x}} = 3x^{1/2} - 4x^{-1/2}$

$$\frac{\mathrm{d}y}{\mathrm{d}x} = \frac{\mathrm{d}}{\mathrm{d}x}(3x^{1/2} - 4x^{-1/2}) = \frac{\mathrm{d}}{\mathrm{d}x}(3x^{1/2}) - \frac{\mathrm{d}}{\mathrm{d}x}(4x^{-1/2}) = \frac{3}{2}x^{-1/2} + 2x^{-3/2} = \frac{3}{2\sqrt{x}} + \frac{2}{x\sqrt{x}}$$

例 題 2 (1) $f(x)=x^3$, $g(x)=(2x-1)$ とおくと，$f(x)g(x)=x^3(2x-1)$. 関数の積の微分より

$$\frac{\mathrm{d}}{\mathrm{d}x}f(x)g(x) = g(x)\frac{\mathrm{d}}{\mathrm{d}x}f(x) + f(x)\frac{\mathrm{d}}{\mathrm{d}x}g(x) = (2x-1)\cdot 3x^2 + x^3\cdot 2 = 8x^3 - 3x^2 = x^2(8x-3)$$

(2) $f(x)=x^2$, $g(x)=\mathrm{e}^x$ とおくと，$f(x)g(x)=x^2\mathrm{e}^x$. 関数の積の微分より

$$\frac{\mathrm{d}}{\mathrm{d}x}f(x)g(x) = g(x)\frac{\mathrm{d}}{\mathrm{d}x}f(x) + f(x)\frac{\mathrm{d}}{\mathrm{d}x}g(x) = 2x\cdot\mathrm{e}^x + x^2\cdot\mathrm{e}^x = x(x+2)\mathrm{e}^x$$

(3) $g(x)=2x+1$ とおくと，関数の商の微分より

$$\frac{d}{dx}\frac{1}{g(x)} = -\frac{\frac{d}{dx}g(x)}{\{g(x)\}^2} = -\frac{2}{(2x+1)^2}$$

例題 3 (1) $y = e^{-2x+1}$ で $y = e^z$, $z = -2x+1$ とおけば,

$$\frac{dy}{dz} = \frac{d}{dz}e^z = e^z, \quad \frac{dz}{dx} = \frac{d}{dx}(-2x+1) = -2, \quad \frac{dy}{dx} = \frac{dy}{dz}\frac{dz}{dx} = e^z \cdot (-2) = -2e^{-2x+1}$$

(2) $y = \sqrt{1-x^2}$ で $y = \sqrt{z} = z^{1/2}$, $z = 1-x^2$ とおけば,

$$\frac{dy}{dz} = \frac{d}{dz}z^{1/2} = \frac{1}{2}z^{-1/2}, \quad \frac{dz}{dx} = \frac{d}{dx}(1-x^2) = -2x,$$

$$\frac{dy}{dx} = \frac{dy}{dz}\frac{dz}{dx} = \frac{1}{2\sqrt{z}} \cdot (-2x) = -\frac{x}{\sqrt{1-x^2}}$$

練習問題 1 (1) $\dfrac{d}{dx}\left(x - \dfrac{3}{x}\right) = 1 + \dfrac{3}{x^2}$

(2) $\dfrac{d}{dx}\left(\sqrt{x} + \dfrac{2}{\sqrt{x}}\right) = \dfrac{d}{dx}(x^{1/2} + 2x^{-1/2}) = \dfrac{1}{2}x^{-1/2} - 2\dfrac{1}{2}x^{-3/2} = \dfrac{1}{2\sqrt{x}} - \dfrac{1}{x\sqrt{x}}$

(3) $f(x) = x-1$, $g(x) = x+1$ とすると, $\dfrac{f(x)}{g(x)} = \dfrac{x-1}{x+1}$

$$\frac{d}{dx}\frac{f(x)}{g(x)} = \frac{g(x)\frac{d}{dx}f(x) - f(x)\frac{d}{dx}g(x)}{\{g(x)\}^2} = \frac{(x+1)\cdot 1 - (x-1)\cdot 1}{(x+1)^2} = \frac{2}{(x+1)^2}$$

(4) $f(x) = \cos x$, $g(x) = \sin x$ とすると, $\dfrac{f(x)}{g(x)} = \dfrac{\cos x}{\sin x}$

$$\frac{d}{dx}\frac{f(x)}{g(x)} = \frac{g(x)\frac{d}{dx}f(x) - f(x)\frac{d}{dx}g(x)}{\{g(x)\}^2} = \frac{\sin x \cdot (-\sin x) - \cos x \cdot \cos x}{\sin^2 x}$$

$$= \frac{-\sin^2 x - \cos^2 x}{\sin^2 x} = -\frac{\sin^2 x + \cos^2 x}{\sin^2 x} = -\frac{1}{\sin^2 x}$$

練習問題 2 (1) $y = \ln z$, $z = \dfrac{x-1}{x+1}$ とすると, $\dfrac{dy}{dz} = \dfrac{d}{dz}\ln z = \dfrac{1}{z}$, $\dfrac{dz}{dx} = \dfrac{d}{dx}\dfrac{x-1}{x+1} = \dfrac{2}{(x+1)^2}$,

$$\frac{dy}{dx} = \frac{dy}{dz}\frac{dz}{dx} = \frac{1}{z} \cdot \frac{2}{(x+1)^2} = \frac{1}{\frac{x-1}{x+1}} \cdot \frac{2}{(x+1)^2} = \frac{x+1}{x-1} \cdot \frac{2}{(x+1)^2} = \frac{2}{x^2-1}$$

(2) $10^x = e^y$ とおくと, $x \ln 10 = y$. よって, $10^x = e^{x\ln 10}$. $\dfrac{dy}{dx} = \ln 10$(定数).

$$\frac{d}{dx}10^x = \frac{d}{dx}e^y = \frac{dy}{dx} \cdot \frac{d}{dy}e^y = \ln 10 \cdot e^y = 10^x \cdot \ln 10$$

(3) $y = e^z$, $z = -x^2$ とすると,

$$\frac{dy}{dz} = \frac{d}{dz}e^z = e^z, \quad \frac{dz}{dx} = \frac{d}{dx}(-x^2) = -2x, \quad \frac{dy}{dx} = \frac{dy}{dz}\frac{dz}{dx} = e^z \cdot (-2x) = -2x\, e^{-x^2}$$

(4) $y = 4\cos z$, $z = 2\pi\left(\dfrac{x}{4} - \dfrac{t}{3}\right)$ とすると,

$$\frac{dy}{dz} = \frac{d}{dz}4\cos z = -4\sin z, \quad \frac{dz}{dx} = \frac{d}{dx}2\pi\left(\frac{x}{4} - \frac{t}{3}\right) = \frac{2\pi}{4},$$

$$\frac{dy}{dx} = \frac{dy}{dz}\frac{dz}{dx} = -4\sin z \cdot \frac{2\pi}{4} = -4\frac{2\pi}{4}\sin 2\pi\left(\frac{x}{4} - \frac{t}{3}\right) = -2\pi \sin 2\pi\left(\frac{x}{4} - \frac{t}{3}\right)$$

第19章

例題 1 (1) $\dfrac{d^2}{dx^2}x^4 = \dfrac{d}{dx}\dfrac{d}{dx}x^4 = \dfrac{d}{dx}(4x^3) = 12x^2$

(2) $\dfrac{d^2}{dx^2}\left(\dfrac{1}{x}\right) = \dfrac{d}{dx}\dfrac{d}{dx}(x^{-1}) = \dfrac{d}{dx}(-x^{-2}) = 2x^{-3} = \dfrac{2}{x^3}$

(3) $\dfrac{d^2 e^x}{dx^2} = \dfrac{d}{dx}\dfrac{d}{dx}e^x = \dfrac{d}{dx}e^x = 1 \cdot e^x$

例題2 $\dfrac{d}{dx}\sqrt{x} = \dfrac{d}{dx}x^{1/2} = \dfrac{1}{2}x^{-1/2}$, $\quad \dfrac{d^2}{dx^2}\sqrt{x} = \dfrac{d}{dx}\dfrac{1}{2}x^{-1/2} = -\dfrac{1}{4}x^{-3/2}$,

$\dfrac{d^3}{dx^3}\sqrt{x} = \dfrac{d}{dx}\dfrac{d^2}{dx^2}\sqrt{x} = \dfrac{d}{dx}\left(-\dfrac{1}{4}x^{-3/2}\right) = \dfrac{3}{8}x^{-5/2}$

第20章

例題1 半径が r の円の面積 $S_1 = \pi r^2$. 高さが r, 底辺が x の直角三角形の面積 $S_2 = \dfrac{1}{2}rx$. 題意から $S_1 = 2S_2$, $\pi r^2 = 2 \times \dfrac{1}{2}rx = rx$. したがって $x = \pi r$.

例題2 (1) $S_{10} = 2 + 4 + 6 + \cdots + 20 = 2(1 + 2 + 3 + \cdots + 10) = 2 \cdot \dfrac{1}{2} \cdot 10 \cdot 11 = 110$

(2) $T_{12} = 1^2 + 2^2 + 3^2 + \cdots + 12^2 = \dfrac{1}{6} \cdot 12 \cdot 13 \cdot 25 = 650$

練習問題1 0 から 2 の範囲を 1000 等分するので，一つの長方形の短辺は 2/1000 = 1/500 = 0.002.

$S = 0.002\left\{\left(\dfrac{1}{500}\right)^2 + \left(\dfrac{2}{500}\right)^2 + \cdots + \left(\dfrac{1000}{500}\right)^2\right\} = \dfrac{0.002}{500^2}(1^2 + 2^2 + \cdots + 1000^2)$

$= \dfrac{0.002}{500^2} \cdot \dfrac{1}{6} \cdot 1000 \cdot 1001 \cdot 2001 = 2.67$

練習問題2 0 から 4 の範囲を 10 等分するので，一つの長方形の短辺は 4/10 = 2/5 = 0.4.

$S = 0.4\left\{\left(\dfrac{4}{10}\right)^2 + \left(\dfrac{8}{10}\right)^2 + \cdots + \left(\dfrac{40}{10}\right)^2\right\} = \dfrac{0.4}{10^2} \cdot 4^2 \cdot (1^2 + 2^2 + \cdots + 10^2)$

$= \dfrac{0.4}{10^2} \cdot \dfrac{4^2}{6} \cdot 10 \cdot 11 \cdot 21 = 24.64$ （真の面積は $21.33\cdots$）

第21章

例題1 $S_n = \dfrac{3}{n}\left(\dfrac{3}{n}\right)^2 + \dfrac{3}{n}\left(\dfrac{6}{n}\right)^2 + \cdots + \dfrac{3}{n}\left(\dfrac{3n}{n}\right)^2 = \dfrac{27}{n^3}\dfrac{1}{6}n(n+1)(2n+1)$

$S = \lim_{n \to \infty} S_n = \lim_{n \to \infty} \dfrac{27}{6}\left(1 + \dfrac{1}{n}\right)\left(2 + \dfrac{1}{n}\right) = 9$

例題2 この記号の意味は，関数 $f(x) = x$ について 0 ($x=0$) から 2 ($x=2$) の区間で積分しなさい，という意味．定積分は関数 $f(x)$ と x 軸 ($y=0$) に挟まれた部分の面積である．

練習問題1 (1) $\int_2^2 x^2\, dx = 0$

(2) $\int_2^0 x^2\, dx = -\int_0^2 x^2\, dx = -\dfrac{8}{3}$

(3) $\int_1^2 x\, dx = \dfrac{3}{2}$

第22章

例題1 $\dfrac{d}{dt}S(t) = f(t) = 2t$ つまり $\dfrac{d}{dx}S(x) = f(x) = 2x$. よって $S(x) = x^2 + C$

ここで，$1 \leq x \leq 1$ の面積 $S(1) = 1^2 + C = 0$ から $C = -1$. したがって $S(x) = x^2 - 1$.

例題2 $y = f(x) = 2x$ なので，その不定積分は $\int f(x)\, dx = \int 2x\, dx = x^2 + C$. $x = 1$ のとき，$F(x) = 2$ ならば，$2 = 1^2 + C$ より，$C = 1$. よって求める原始関数は $F(x) = x^2 + 1$.

例題3 (1) $F(x) = \int f(x)\, dx = \int x\, dx = \dfrac{1}{2}x^2 + C$

(2) $F(x) = \int f(x)\, dx = \int \sqrt{x}\, dx = \int x^{1/2}\, dx = \dfrac{1}{3/2}x^{3/2} + C = \dfrac{2}{3}x\sqrt{x} + C$

(3) $F(x) = \int f(x)\,dx = \int 100\dfrac{1}{x}\,dx = 100\ln x + C$

(4) $F(x) = \int f(x)\,dx = \int\left(x + \dfrac{1}{x} + e^x\right)dx = \dfrac{1}{2}x^2 + \ln x + e^x + C$

(5) $F(x) = \int f(x)\,dx = \int\left(\dfrac{1}{\sqrt{x}} + \dfrac{1}{x^2}\right) = \int(x^{-1/2} + x^{-2})\,dx = \dfrac{1}{1/2}x^{1/2} + \dfrac{1}{-1}x^{-1} + C = 2\sqrt{x} - \dfrac{1}{x} + C$

練習問題 1 $f(x) = \sin x$ で $x = t$ のとき，$\dfrac{d}{dt}S(t) = f(t) = \boxed{\sin t}$. t は任意の x のことだから $\dfrac{d}{dx}S(x) = \boxed{f(x)}$. $S(x) = \int \sin x\,dx = \boxed{-\cos x + C}$ となる．

$S(0) = 0$ になるから，$0 = -\cos 0 + C = -1 + C$ より，$C = \boxed{1}$. 結局 $S(x) = \boxed{-\cos x + 1}$ となる．

発展問題 1 $3x - 1 = t$ とおけば，$x = \boxed{\dfrac{t+1}{3}}$ となり，$\dfrac{dx}{dt} = \dfrac{1}{3}$ より，$dx = \dfrac{1}{3}dt$ が得られる．

$\int(3x-1)^4\,dx = \int t^4\,dx = \int t^4 \dfrac{1}{3}\,dt = \dfrac{1}{15}t^5 + C = \dfrac{1}{15}(3x-1)^5 + C$

発展問題 2 $y = \ln x$ の積分は，そのままでは使える公式がないので，部分積分を使って行う．

$f(x) = \boxed{x}$, $g(x) = \boxed{\ln x}$ とすると，$f'(x) = \boxed{1}$, $g'(x) = \boxed{\dfrac{1}{x}}$ なので，

$\int \ln x\,dx = \int 1\cdot \ln x\,dx = \int f'(x)g(x)\,dx = f(x)\cdot g(x) - \int f(x)g'(x)\,dx = x\ln x - \int x\dfrac{1}{x}\,dx$
$= x\ln x - \int 1\,dx = x\ln x - x + C$

第 23 章

例　題 1 $pV = nRT$ で $R = 8.31\text{ J K}^{-1}\text{ mol}^{-1}$, $n = 1.00$ mol, $T = 300$ K を代入すると，$pV = 2.49\times 10^3$ [J] $= 2.49\times 10^3$ [Pa m^3]. よって，V [m^3] $= (2.49\times 10^3)/p$ [Pa].

練習問題 1 偏導関数は

$$\dfrac{\partial y}{\partial x} = \dfrac{2}{3}\pi\cdot 4\cos 2\pi\left(\dfrac{x}{3} - \dfrac{t}{4}\right) = \dfrac{8}{3}\pi\cos 2\pi\left(\dfrac{x}{3} - \dfrac{t}{4}\right)$$

$$\dfrac{\partial y}{\partial t} = -\dfrac{2}{4}\pi\cdot 4\cos 2\pi\left(\dfrac{x}{3} - \dfrac{t}{4}\right) = -2\pi\cos 2\pi\left(\dfrac{x}{3} - \dfrac{t}{4}\right)$$

全微分は，

$$dy = \dfrac{\partial y}{\partial x}dx + \dfrac{\partial y}{\partial t}dt = \dfrac{8}{3}\pi\cos 2\pi\left(\dfrac{x}{3} - \dfrac{t}{4}\right)dx - 2\pi\cos 2\pi\left(\dfrac{x}{3} - \dfrac{t}{4}\right)dt$$
$$= \dfrac{2}{3}\pi\cos 2\pi\left(\dfrac{x}{3} - \dfrac{t}{4}\right)(4\,dx - 3\,dt)$$

第 24 章

例　題 1 x の変化率 $\dfrac{dx}{dt}$ は，x に比例するのだから，比例定数を k とすると，$\dfrac{dx}{dt} = k\boxed{x}$

例　題 2 $y = 2x$ のグラフの傾きは $2 \Rightarrow \boxed{\dfrac{dy}{dx} = 2}$

練習問題 1 各 $-\dfrac{\Delta x}{(x-20)\Delta t}$ にはほとんど差がないので，平均値 0.049 で一定とすれば，

$-\dfrac{\Delta x}{(x-20)\Delta t} = 0.049$ より，$\dfrac{\Delta x}{\Delta t} = -0.049\boxed{(x-20)}$ となる．この式で，

$\Delta t \to 0$ の極限値をとれば，微分方程式 $\dfrac{dx}{dt} = \boxed{-0.049(x-20)}$ を得る．

第 25 章

例　題 1 $x = 4.9t^2 + C$ において，$t = \dfrac{1}{7}$ のとき $x = 0$ であるから，この値を代入し，$0 = 4.9\times\left(\dfrac{1}{7}\right)^2 + C$ より，$C = -0.1$ を得る．

例題 2　$\dfrac{dy}{dx}=ky$ の一般解は，この微分方程式の y を左辺に移項して $\dfrac{1}{y}\dfrac{dy}{dx}=k$ とする（変数の分離）．両辺を x で積分して $\int\dfrac{1}{y}\dfrac{dy}{dx}dx=\int\dfrac{1}{y}dy=k\int dx$ となるから，$\ln|y|=kx+C'$ を得る．対数を外すと，$y=\pm e^{kx+C'}=\pm e^{C'}\times e^{kx}$ となり，$\pm e^{C'}=C$（定数）とおけば，一般解 $y=Ce^{kx}$ が得られる．

例題 3　(1) $\dfrac{dx}{dt}=-1$ の両辺を t で積分すれば，$\int\dfrac{dx}{dt}dt=-\int dt$ であり，この一般解は $x=-t+C$．$t=0$ のとき $x=1$ だから，$C=1$．よって特殊解は $x=-t+1$．

(2) $\dfrac{dx}{dt}=-x$ において，変数分離を行った後に両辺を t で積分すれば，$\int\dfrac{1}{x}\dfrac{dx}{dt}dt=\int\dfrac{dx}{x}=-\int dt$ であり，この一般解は $\ln x=-t+C'$ もしくは $x=Ce^{-t}$（$C=e^{C'}$）．$t=0$ のとき $x=1$ だから，$C=1$（$C'=0$）．よって特殊解は $\ln x=-t$ もしくは $x=1\cdot e^{-t}$．

(3) $\dfrac{dx}{dt}=-x^2$ において，変数分離を行った後に両辺を t で積分すれば，$\int\dfrac{1}{x^2}\dfrac{dx}{dt}dt=\int\dfrac{dx}{x^2}=-\int dt$ であり，この一般解は，$x=\dfrac{1}{1\cdot t-C}$．$t=0$ のとき $x=1$ だから，$C=-1$．よって特殊解は $x=\dfrac{1}{1\cdot t+1}$．

練習問題 1　題意から，$-\dfrac{dx}{dt}=kx$ の型の微分方程式を立てることができる．なお，溶ける速さは固体の A が減少する速さなので，縦軸に x，横軸に t をとったグラフの瞬間の傾きは必ず負になるので，左辺に負号（－）を付けてある．この微分方程式を解くと，$\int\dfrac{dx}{x}=-k\int dt$ より，$\ln x=-kt+C'$，$x=Ce^{-kt}$ の一般解を得る．$t=0$ のとき $x=100$ より，$C=100$ となるから，$x=100\,e^{-kt}$ なる特殊解が得られる．さらに比例定数 k も求めることができる．$t=10$ のとき $x=\dfrac{100}{2}=50$ であるから，$50=100e^{-10k}$ となる．この式の両辺の自然対数をとると，$-\ln 2=-10k$ となり，$k=0.069$（$\ln 2=0.69$）が得られる．これより，$x=100\,e^{-0.069\,t}$ が得られる．この式より，任意の t における A の残存量を求めることができる．

第 26 章

例題 1　池の魚全部が母集団，100 匹の魚は標本に当たる．測定した 100 匹の魚の重さは資料（データ）で，100 はデータの大きさになる．〔目的：池の魚の重さを調べる → 池のすべての魚が母集団．現実には，全部の魚を調べるのは不可能 → 母集団の一部について調べる → 標本調査〕

例題 2　相対度数での寄与（全学生に占めるその学科の在籍者数が多くなっている）では，保健（医・歯・その他）と家政とその他が増えているが，絶対度数では，人文科学，社会科学，工学がまだまだ多い．

練習問題 1

階　級	<6.0	<8.0	<10.0	<12.0	<14.0	<16.0	<18.0	<20.0
階級値	5.0	7.0	9.0	11.0	13.0	15.0	17.0	19.0
度　数	1	3	7	9	9	12	8	1

第 27 章

例題 1　(1) $(1+1+1+1+1)/5=1$
(2) $(1+2+3+4+5)/5=3$
(3) $(1\times1+2\times2+3\times3+4\times2+5\times1)/(1+2+3+2+1)=27/9=3$
(4) $(2\times2+4\times3+6\times4+8\times5+10\times1)/(2+3+4+5+1)=90/15=6$

例題 2　このデータの平均値 3 との偏差の平方和を求めて $(1-3)^2+(2-3)^2+(3-3)^2+(4-3)^2+(5-3)^2=10$．これを 5（データの大きさ）で割って分散は 2 になる．このとき標準偏差は $\sqrt{2}=1.4$ になる．

練習問題 1　多くのデータを扱う場合，代表値を使いデータの特徴を表現する．最も一般的な代表値が平均値と標準偏差であり，標準偏差は分散の平方根をとったものである．分散や標準偏差が大きいデータは，平均値が同じであっても散らばりが大きい．

第28章

例題1 平均値が $\bar{x}$, 標準偏差が s, 大きさが N のデータがあり, 正規分布に従うとすると, 縦軸を度数で表す正規分布曲線は,

$$y = \frac{N}{s\sqrt{2\pi}} e^{-(x-\bar{x})^2/2s^2}$$

になる. 縦軸を度数の割合で表す場合は, §28・1 の式

$$y' = \frac{y}{N} = \frac{1}{s\sqrt{2\pi}} e^{-(x-\bar{x})^2/2s^2}$$

となる. 縦軸は度数で表されているので, 求めるべき正規分布曲線は

$$y = \frac{7200}{9.8\sqrt{2\pi}} e^{-(x-60)^2/(2\cdot 9.8^2)}$$

例題2 $0 \leq x \leq 1$ となる部分の面積は $0.68 \div 2 = 0.34$, $x \geq 1.96$ の部分の面積は $(1-0.95) \div 2 = 0.025$.
〔正規分布曲線に従う分布では, $\bar{x} \pm 1s$ の範囲に全体の 68.2% のデータが, $\bar{x} \pm 2s$ の範囲に全体の 95.4% のデータが含まれる. $\bar{x} \pm 1.96s$ の範囲には, 全体のデータの 95% が含まれるので, 95% の有意水準や 5% の危険率を使う検定 (☞第29章) に使用される〕

練習問題1 題意より偏差値 H は $H = 10(x-\bar{x})/s + 50$ なので, これに $\bar{x} = 60$ を代入すると $H = 10(x-60)/s + 50$ となる. $s = 10$ のとき $x = 50$ で $H = 40$, $x = 70$ で $H = 60$, $s = 5$ のとき $x = 50$ で $H = 30$, $x = 70$ で $H = 70$ となる.

第29章

練習問題1 ① 帰無仮説を"通常の範囲内にある"; ② 有意水準を 5%; ③ 検定統計量を収縮期血圧 (最大血圧) とする.
④ 帰無仮説が真であるとすると 25 人の平均値の分布は平均 150, 標準偏差 6 の正規分布に従う.
⑤ 棄却域は, (血圧) < (138 = 150 − 1.96 × 6), (150 + 1.96 × 6 = 161.8) < (血圧) の範囲にある.
⑥ 25 人の平均値 163 は棄却域に入っているから, 帰無仮説を棄却する.
すなわち, この地域の人々の血圧は有意に高い (血圧が高くなる何かの原因がある) と結論できる.

第30章

例題1 1 kg のものに 1 m s^{-2} の加速度を与えるのが, 1 N という力だから, その SI 単位は m kg s^{-2} となる. 1 m^2 に 1 N の力が均等に加わった量が圧力だから, その SI 単位は N m^{-2} = m kg s^{-2} m^{-2} = m^{-1} kg s^{-2} となる.

例題2 密度は (質量)÷(体積) なので, その次元は $[M]/[L^3] = [L^{-3} M^1]$

例題3 左辺は濃度(変化)÷時間(変化) であり, 濃度は物質量÷体積.
左辺の次元: 濃度 $[L^{-3} N]$ ÷時間 $[T] = [L^{-3} T^{-1} N]$
右辺の次元: $[(k \text{の次元})] \times$面積 $[L^2] \times$濃度(変化) $[L^{-3} N] = [(k \text{の次元}) L^{-1} N]$
左辺の次元 = 右辺の次元より, $[L^{-3} T^{-1} N] = [(k \text{の次元}) L^{-1} N]$, $(k \text{の次元}) = [L^{-2} T^{-1}]$

練習問題1 (1) モル質量は物質量 1 mol 当たりの質量だから, 単位は g mol^{-1}, 次元は $[M N^{-1}]$ となる.
(2) アボガドロ定数は物質量 1 mol 当たりの個数だから, 単位は mol^{-1}, 次元は $[N^{-1}]$ となる.
(3) 比重は同じ体積の水の質量に対する物質の質量の比で, 物質の密度÷水の密度. 物質の密度の単位は g mL^{-1}, 水の密度は g mL^{-1} なので, 比重の単位はない〔(g mL^{-1})/(g mL^{-1})〕. 密度の次元は $[L^{-3} M]$ で, 比重の次元は, $[L^{-3} M]/[L^{-3} M]$ となるから, 無次元となる.

練習問題2 (1) 左辺の次元は $[L^{-3} T^{-1} N]$, 右辺の次元は $[(k \text{の次元})]$ なので, $(k \text{の次元}) = [L^{-3} T^{-1} N]$.
(2) 左辺の次元は $[L^{-3} T^{-1} N]$, 右辺の次元は $[(k \text{の次元}) \times L^{-3} N]$ なので, $(k \text{の次元}) = [T^{-1}]$.
(3) 左辺の次元は $[L^{-3} T^{-1} N]$, 右辺の次元は $[(k \text{の次元}) \times L^{-6} N^2]$ なので, $(k \text{の次元}) = [L^3 T^{-1} N^{-1}]$.

第 31 章

例題 1
(1) 立方体の一辺の長さが 1 ft なので，その体積は 1 ft×1 ft×1 ft＝1 ft^3．
(2) 立方体の一辺の長さが 1 ft なので，これを m に換算すると，1 ft＝0.3048 m だから，その体積は 0.3048 m×0.3048 m×0.3048 m＝$2.832×10^{-2}$ m^3．

例題 2
(1) 1 inch＝$\frac{1}{12}$ ft＝$\frac{1}{12}$×0.3048 m＝$\frac{1}{12}$×30.48 cm＝**2.540** cm．
(2) 1 yd＝3 ft＝3×0.3048 m＝**0.9144** m．
(3) 1 mi＝8 furlong＝8×10 chain＝8×10×4 rod＝8×10×4×5.5 yd＝8×10×4×5.5×3 ft＝$5.280×10^3$×0.3048 m＝$1.609×10^3$ m＝**1.609** km．
(4) 1 chain＝4×5.5×3 ft＝20.117 m，1 furlong＝201.17 m より，1 ac＝1 chain×1 furlong＝20.117 m×201.17 m＝$4.047×10^3$ m^2．1 ha＝$1×10^4$ m^2．よって，1 ac＝($4.047×10^3$ m^2)/($1×10^4$ m^2 ha^{-1})＝**0.4047** ha．
(5) 1 km^2 の正方形は一辺の長さが 1 km＝1000 m＝1000/0.3048 ft＝$3.281×10^3$ ft であるから，**3281** ft×**3281** ft である．

例題 3
(1) 1000 hPa＝$1000×10^2$ Pa＝$1×10^3×10^2$ Pa＝$1×10^5$ Pa＝**1** bar；1 atm＝$1.013×10^5$ Pa より，1000 hPa＝$1×10^5$ Pa＝($1×10^5$ Pa)/(**$1.013×10^5$ Pa atm^{-1}**)＝0.987 atm；1 atm＝760 mmHg より，1000 hPa＝(0.987 atm)×(760 mmHg atm^{-1})＝**750** mmHg；hPa と mmHg の換算係数は 1000/750＝**1.33**（正確には 1.3332）となる．
(2) 5400 kJ/1300 kcal＝($5.4×10^6$ J)/($1.3×10^6$ cal)＝**4.2** J cal^{-1}．正確な値は **4.184**．

例題 4
ブドウ糖（モル質量は 180 g mol^{-1}）18.0 g を水に溶かして水溶液の全量を 250 mL にするとき，このブドウ糖のモル数 n は n＝18.0 g/180 g mol^{-1}＝**0.100** mol になるから，モル濃度 c は 0.100 mol/0.250 L＝**0.400** mol L^{-1} になる．

練習問題 1
(1) 硫酸水溶液で，硫酸の質量比が 24.5 % なので，この硫酸水溶液 1 L 中には硫酸が 1000 g×0.245＝245 g ある．硫酸 245 g の物質量は，硫酸のモル質量が 98.1 g mol^{-1} なので，245 g/98.1 g mol^{-1}＝2.50 mol．この硫酸水溶液の密度が 1.20 g mL^{-1} とわかっているので，この硫酸水溶液 1 kg の体積は 1000 g/1.20 g mL^{-1}＝$8.33×10^2$ mL＝0.833 L．2.50 mol の硫酸が 0.833 L の中にあるので，そのモル濃度は 2.50 mol/0.833 L＝3.00 mol L^{-1}．
(2) モル濃度が 3.60 mmol L^{-1} の硫酸水溶液 1 L 中には硫酸が $3.6×10^{-3}$ mol あり，その質量は $3.60×10^{-3}$ mol×98.1 g mol^{-1}＝0.353 g．この硫酸水溶液 1 L の質量はほぼ 1 kg であるから，1 kg に対する 0.353 g の割合は，0.353 g/1000 g＝$3.53×10^{-4}$．1 ppm は $1×10^{-6}$ の割合のことだから，この硫酸水溶液中の硫酸の割合は ($3.53×10^{-4}$)/($1×10^{-6}$)＝353 ppm．

索　引

記　号

- atm 108
- bar 108
- cal 108
- $\cos\theta$ 49
- Δ 24
- $\dfrac{\Delta y}{\Delta x}$ 25
- $\dfrac{dy}{dx}$ 59
- $\dfrac{d^2y}{dx^2}$ 64
- $\dfrac{d^n y}{dx^n}$ 65
- e 34
- eV 108
- $\exp(n)$ 35
- $f''(x)$ 64
- $f^{(n)}(x)$ 65
- $[H^+]$ 47
- hPa 19
- lim 57
- ln 37
- $\log_{10}$ 36
- $\log_e$ 37
- mmHg 108
- ppb 4
- ppm 4
- pH 47
- rad 49
- $\left(\dfrac{\partial z}{\partial x}\right)_y$ 79
- Σ 70
- $\sin\theta$ 49
- $\tan\theta$ 49
- Torr 108
- w/v% 4
- y'' 64
- $y^{(n)}$ 65

あ

- アト（a） 3
- アボガドロ定数 20
- アンサー機能 116

い

- 以　下 12
- 以　上 12
- 位　相 51, 81
- 一次関数 24, 28, 46, 47, 86
  - ──の方程式 25
- 一次式 24
- 一次反応 87
- 一般解 85
- 因数分解 40

え

- SI 103, 107
- SI 基本単位 104
- SI 組立単位 49, 103
- SI 接頭語 3
- SI 単位 107
  - 放射能の── 108
- SI 単位との併用が認められている単位 104
- x-y 座標 21, 23, 50
- x-y 対応表 24, 25
- n 階の微分方程式 84
- n 階微分 65
- n 次式 24, 40
- MKSA 単位系 104
- MKS 単位系 104
- 円
  - ──の面積 66
- 塩基性 47
- 円グラフ 93
- 円周率 11

お

- 黄金比 40
- 帯グラフ 93
- 折れ線グラフ 93

か

- 解
  - 微分方程式の── 85
- 回帰直線 28, 30, 47
- 回帰分析 91
- 階　級 92
- 階級値 92
- 解の公式 40, 42
- 掛け算 9, 10
  - 10 のべき乗の── 32
- 過　誤 102
- 華氏（°F） 26
- 仮　数 37
- 仮数部 4, 9
- 仮説検定 100
- 加速度 64
- 傾　き 24, 47, 56
- 下　端 70, 75
- か　つ 13
- 加法定理 50
- 可約分数 13
- 仮平均 95
- 関　数 21, 24
  - ──とその導関数 59
  - ──の差の微分 61
  - ──の商の微分 62
  - ──の積の微分 62, 77
  - ──の和の微分 61
- 関数電卓 113

き

- 気圧（atm） 19
- ギガ（G） 3
- 棄　却 101
- 棄却域 101
- 記述統計 91
- 基礎物理定数 8
- 基本単位 103
- 帰無仮説 101
- 逆関数 50
- 既約分数 13

球
   多変数関数としての—— 81
共分散 30
極限
   ——の区分求積法への導入 69
極限値 34, 57, 58, 69, 70, 73
局所管理 92
虚数 11
キロ（k） 3
近似曲線 30

く

偶然誤差 7
区間 69, 70
区分求積 66
区分求積法 66, 67, 70, 73
   ——への極限の導入 69
組立単位 103
クモの巣グラフ 93
グラフ 21
   一次関数の—— 24
   円—— 93
   帯—— 94
   折れ線—— 93
   三角関数の—— 50
   指数関数の—— 43
   対数関数の—— 48
   二次関数の—— 41
クロス表 101

け

計数 6
系統誤差 7
計量 6
計量器 6
桁落ち 10
原始関数 74, 75
減少速度 86
検定 99, 100
検定統計量 101

こ

高次導関数 64
合成関数 62
   ——の微分 62, 76
恒等式 12
公表の偏り 92
国際単位系 3, 103, 104, 107
誤差 6, 27
$\cos \theta$ 49
固定小数点表示 114

弧度 20

さ

差
   関数の——の微分 61
   定積分の—— 71
   不定積分の—— 75
最小二乗法 28
採択域 101
$\sin \theta$ 49
サインカーブ 50
酢酸 42
差の微分 61
酸解離定数 42
三角関数 49, 50
   ——の導関数 60
   ——の微分 65
   ——のべき乗 50
三角形
   ——の面積 66, 67
三角比 49
残差 27, 28
残差の平方 27
残差の平方和 28
3乗根 32
酸性 47
散布図 30, 97
サンプリング 91
サンプル 91
三平方の定理 81

し

次元 104, 105
   導関数の—— 105
   不定積分の—— 105
次元解析 105
4乗根 32
指数 31
指数関数 34, 39, 43, 46, 87
   ——のグラフ 43
   ——の導関数 60
   ——の微分 65
指数部 4, 9
指数法則 31, 32, 35, 43
JIS規格 7
自然数 11
自然対数 34, 37, 38, 47, 113
自然対数の底 11, 34, 37
四則演算
   10のべき乗の—— 9
   有効数字の—— 9
実数 11
実数解 41
質量対容量百分率（w/v%） 4

四分位偏差 95
シャルルの法則 78
十億分率 4
周期 50～52, 81
周期関数 50
従属変数 21, 78, 81
10のべき乗
   ——の掛け算 32
   ——の四則演算 9
   ——の足し算 33
   ——の引き算 33
   ——の割り算 32
10を底とする指数関数 44
10を底とする対数関数 46
循環小数 11
瞬間速度 56
小数 8
上端 70, 75
商の微分 62
常用対数 34, 36, 38, 113
常用対数表 39
初期条件 85, 86
初濃度 27
資料 91
真数 36, 46
真の値 6
振幅 50～52, 81

す

水銀温度計 25
水銀柱ミリメートル（mmHg） 108
水素イオン濃度 47
推測統計 91, 92
数学モデル
   ——の構築 45
数直線 37
数理統計 91, 92
数列の和 67

せ

正割関数 50
正規分布 95, 98～101
正規分布曲線 98
正弦関数 50
正弦曲線 50
正弦波 50, 81
整数 11
正接関数 50
正の整数 11
正の相関 97
積の微分 62, 77
積分 74, 105
   多変数関数の—— 78
積分定数 74, 75

摂氏（℃）　26
接線の傾き　58, 83
絶対誤差　7
絶対値　13
切　片　24, 47
漸近線　22, 23
線形回帰　27, 47
線形近似　30
全数調査　91
選択の偏り　92
全微分　80

そ

増加率　43
相　関　97
相関係数　97
相関図　97
相対誤差　7
相対度数分布図　92
増　分　56
測定誤差　27
測定値　6, 8
速　度　64

た

第一象限　23
第一種の誤り　102
第 n 次導関数　65, 84
対応表　18
台　形
　　――の面積　66
第三象限　23
対　数　36
対数関数　39, 46, 48
　　――のグラフ　48
　　――の導関数　60
代数方程式　40, 83, 105
第 2 次導関数　64
第二象限　23
第四象限　23
対立仮説　101
多角形
　　――の面積　66
足し算　9
　　10 のべき乗の――　33
　　分数の――　13
多変数関数　81
　　――の積分　78
　　――の微分　78
単　位　103, 104
単位円　49
単位系　103
$\tan \theta$　49

ち

値　域　21, 81
置換積分　76
中央値　95
抽　出　91
中心極限定理　101
中　性　47
中和滴定曲線　48
長方形
　　――の面積　66, 67
直角三角形　49
散らばり
　　データの――　96

つ

通　分　13

て

底　31, 34, 36, 43
定義域　21, 81
定　数　78
　　不定積分の――　73
定積分　70, 75
　　――の差　71
　　――の実数倍　71
　　――の和　71
底の変換公式　38
定量分析　6
滴定曲線　48
データ　91
データ解析　91
データの大きさ　91
データの収集　92
でない　13
テラ（T）　3
電子ボルト（eV）　108
電　卓
　　関数――　113
　　普通の――　113
電離度　42

と

導関数　59, 61, 74, 80, 82, 83
　　――の次元　105
　　関数とその――　59
　　三角関数の――　60
　　指数関数の――　60
　　対数関数の――　60
統計処理　91
統計値　30
統計的検定　91
統計的推測　91
統計法　100
等　号　12
動　点　49
特殊解　85, 86
独立変数　21, 78, 81
度　数　92
度数分布図　92
度数分布表　92, 95
トル（Torr）　108

な

ナノ（n）　3

に

二階微分　64
二次関数　41, 67
　　――のグラフ　41
二次式　40
二次導関数　64
二次反応　87
二次微分　64
二次方程式　40
二次方程式の解　41
日本薬局方　7, 25

ね

ネイピア数　11, 34, 37
熱化学カロリー（cal）　108

の

濃　度　20

は

％（パーセント）　4
波　長　51, 52, 81
バール（bar）　19, 108
範　囲　92, 96
半減期　26, 29
反応速度　19
反応速度定数　106

134　付　録

反比例　17, 18
反比例のグラフ　22
反比例の方程式　18, 23
反　復　92
判別式　40

ひ

非 SI 単位系　107
pH　42, 47
引き算　9
　　10 のべき乗の──　33
　　分数の──　13
ピコ（p）　3
ヒストグラム　92
被積分関数　70, 73, 75
ピタゴラスの定理　81
ppm（ピーピーエム）　4
ppb（ピーピービー）　4
微　分　55, 61, 62, 74, 82, 105
　　差の──　61
　　三角関数の──　65
　　指数関数の──　65
　　商の──　62
　　積の──　62, 77
　　多変数関数の──　78
　　和の──　61
微分可能　61
微分係数　58, 83
微分する　59
微分方程式　40, 82, 83, 85, 105
　　──の解　85
百分率　4
百万分率　4
評価の偏り　92
標準正規分布　99
標準正規分布曲線　99
標準大気圧（atm）　108
標準偏差　30, 95, 96, 98, 101
標　本　91
標本抽出　92
標本調査　91
比　例　17, 24
比例式　17
比例定数　17, 18, 21, 23
比例のグラフ　21
比例の方程式　17, 21

ふ

フェムト（f）　3
複号同順　71
複素数　11
　　──の指数　32

物質量　20
物理量　103, 104
不定積分　71, 74
　　──の差　75
　　──の次元　105
　　──の実数倍　75
　　──の和　75
不等号　12
不等式　12, 73
浮動小数点表示　114
負の相関　97
部分積分法　77
分　散　30, 96
分子量　20
分数関数　87
分数の足し算　13
分数の引き算　13
分配法則　33

へ

平均速度　55
平均値　30, 92, 95, 98
平均変化率　56, 58
平行四辺形
　　──の面積　66
平面波
　　多変数関数としての──　81
べき指数　4, 31
べき乗　4, 31
　　e の──　35
　　10 の──　9, 32, 33
べき乗数　40
ヘクト　19
ヘクトパスカル（hPa）　19
変　域　21
変化率　82
変化量　24
変　数　17, 78
変数分離形　86
偏導関数　79, 80
偏微分　79
変　量　91

ほ

ボイルの法則　18, 22, 78
棒グラフ　92
放射壊変　82
放射性同位元素　108
放射性同位体　82, 83
放射能
　　──の SI 単位　108
方程式　12
　　一次関数の──　24, 25
　　代数──　40, 83, 105

二次──　40, 41
　　微分──　40, 82, 83, 85, 105
放物線　41, 69, 83
母集団　91, 92, 100

ま

マイクロ（μ）　3
または　13
丸め誤差　7

み

未　満　12
ミリ（m）　3

む

無限小数　11
無限大　66, 69
無作為化　92
無次元　19, 103
無理数　11

め

命　題　100
メガ（M）　3
メートル法　107
メモリー機能　116
面　積
　　関数のグラフ下の──　66
　　基本図形の──　66
　　三角形の──　67
　　長方形の──　67
面積の総和　70

も

モル質量　20
モル濃度　20

や

約　分　13
ヤード・ポンド法　107

ゆ

有意水準　101

有限小数　11
有効桁数　8, 10, 114, 115
有効数字　8
　　──の四則演算　9
　　──の積や商　9
　　──の和や差　9
有理数　11

よ

用量作用曲線　46
余割関数　50
余弦関数　50
余接関数　50

4乗根　32

ら 行

ラジアン　20, 49

理想気体の状態方程式　78, 105

累　乗　31
累乗の指数　4, 31
累積度数分布図　92

零次反応　86

レーダーチャート　93
レンジ　96
連続な関数　70

わ

和
　関数の──　61
　定積分の──　71
　不定積分の──　75
y切片　24
和の微分　61
割り算　9, 10
　10のべき乗の──　32

第1版 第1刷 2012年 4月27日 発行
第5刷 2022年 11月10日 発行

プライマリー 薬学 シリーズ 5
薬学の基礎としての数学・統計学

編 集　公益社団法人 日本薬学会

Ⓒ2012　発行者　住　田　六　連
　　　　発　行　株式会社 東京化学同人
東京都 文京区千石 3 丁目36-7 (〒112-0011)
電話 03-3946-5311・FAX 03-3946-5317
URL: https://www.tkd-pbl.com/

印　刷　日本フィニッシュ株式会社
製　本　株式会社 松岳社

ISBN 978-4-8079-1656-6　Printed in Japan
無断転載および複製物（コピー，電子データなど）の無断配布，配信を禁じます．

日本薬学会編

スタンダード薬学シリーズⅡ
全9巻 26冊

総監修　市川　厚

編集委員　赤池昭紀・伊藤　喬・入江徹美・太田　茂
　　　　　奥　直人・鈴木　匡・中村明弘

電子版　教科書採用に限り電子版対応可．詳細は東京化学同人営業部まで．

1 薬学総論
- Ⅰ．薬剤師としての基本事項　5280円
  - 編集責任：中村明弘
- Ⅱ．薬学と社会　第2版　5060円
  - 編集責任：亀井美和子

2 物理系薬学
編集責任：入江徹美
- Ⅰ．物質の物理的性質　5390円
- Ⅱ．化学物質の分析　第2版　5390円
- Ⅲ．機器分析・構造決定　4620円

3 化学系薬学
編集責任：伊藤　喬
- Ⅰ．化学物質の性質と反応　6160円
- Ⅱ．生体分子・医薬品の化学による理解　5060円
- Ⅲ．自然が生み出す薬物　5280円

4 生物系薬学
編集責任：奥　直人
- Ⅰ．生命現象の基礎　5720円
- Ⅱ．人体の成り立ちと生体機能の調節　4400円
- Ⅲ．生体防御と微生物　5390円

5 衛生薬学 ―健康と環境―
6710円
編集責任：太田　茂

6 医療薬学
- Ⅰ．薬の作用と体の変化および薬理・病態・薬物治療（1）　4510円
- Ⅱ．薬理・病態・薬物治療（2）　4180円
  - Ⅰ・Ⅱ編集責任：赤池昭紀
- Ⅲ．薬理・病態・薬物治療（3）　3740円
- Ⅳ．薬理・病態・薬物治療（4）　6050円
  - Ⅲ・Ⅳ編集責任：山元俊憲
- Ⅴ．薬物治療に役立つ情報　補訂版　4620円
- Ⅵ．薬の生体内運命　3520円
- Ⅶ．製剤化のサイエンス　3850円
  - Ⅴ・Ⅵ・Ⅶ編集責任：望月眞弓

7 臨床薬学
日本薬学会・日本薬剤師会
日本病院薬剤師会・日本医療薬学会　共編
編集責任：鈴木　匡
- Ⅰ．臨床薬学の基礎および処方箋に基づく調剤　4400円
- Ⅱ．薬物療法の実践　2750円
- Ⅲ．チーム医療および地域の保健・医療・福祉への参画　4400円

8 薬学研究
3190円
編集責任：市川　厚

9 薬学演習
―アクティブラーニング課題付―
- Ⅰ．医療薬学・臨床薬学　3740円
  - 編集責任：赤池昭紀
- Ⅱ．基礎科学　6160円
  - 編集責任：市川　厚
- Ⅲ．薬学総論・衛生薬学　4180円
  - 編集責任：太田　茂

記載の価格は定価（本体価格＋税10％），2022年11月現在

数　学　公　式

1. **二次方程式の解の公式**

   $ax^2 + bx + c = 0 \ (a \neq 0)$ の解

   $$x = \frac{-b \pm \sqrt{b^2 - 4ac}}{2a}$$

2. **一次不等式**

   $ax > b$ の解

   $a > 0$ のとき $x > \dfrac{b}{a}$ ；　$a < 0$ のとき $x < \dfrac{b}{a}$

3. **指数と対数の公式**

   実数 $a, b > 0$, m, n が実数のとき

   $\left.\begin{array}{l} a^m a^n = a^{m+n} \\ \dfrac{a^m}{a^n} = a^{m-n} \\ (a^m)^n = a^{mn} \\ (ab)^n = a^n b^n \end{array}\right\}$ 指数法則

   実数 $a > 0$, m, n が自然数のとき

   $a^0 = 1$ ；　$a^{-n} = \dfrac{1}{a^n}$

   $a^{m/n} = \sqrt[n]{a^m}$ ；特に，$a^{1/n} = \sqrt[n]{a}$

   実数 $a, b, c > 0$, $b \neq 1$, $c \neq 1$, p が実数のとき

   常用対数：$10^p = a \Leftrightarrow p = \log_{10} a$

   自然対数：$e^p = a \Leftrightarrow p = \ln a$

   $\log_c 1 = 0$ ；　$\log_c c = 1$

   $\log_c ab = \log_c a + \log_c b$

   $\log_c \dfrac{a}{b} = \log_c a - \log_c b$

   $\log_c a^p = p \log_c a$

   $\log_b a = \dfrac{\log_c a}{\log_c b}$　底の変換公式

4. **三角関数の公式**

   $\sin^2 \theta + \cos^2 \theta = 1$

   $\tan \theta = \dfrac{\sin \theta}{\cos \theta}$ ；　$1 + \tan^2 \theta = \dfrac{1}{\cos^2 \theta}$

   $\sin(-\theta) = -\sin \theta$ ；　$\cos(-\theta) = \cos \theta$

   $\sin\left(\dfrac{\pi}{2} - \theta\right) = \cos \theta$ ；　$\cos\left(\dfrac{\pi}{2} - \theta\right) = \sin \theta$

   $\sin(\pi - \theta) = \sin \theta$ ；　$\cos(\pi - \theta) = -\cos \theta$

   加法定理：

   $\sin(\alpha + \beta) = \sin \alpha \cos \beta + \cos \alpha \sin \beta$

   $\cos(\alpha + \beta) = \cos \alpha \cos \beta - \sin \alpha \sin \beta$

   倍角公式：

   $\sin 2\theta = 2 \sin \theta \cos \theta$

   $\cos 2\theta = \cos^2 \theta - \sin^2 \theta = 2\cos^2 \theta - 1 = 1 - 2\sin^2 \theta$

   和と積の公式：

   $\sin \alpha + \sin \beta = 2 \sin \dfrac{\alpha + \beta}{2} \cos \dfrac{\alpha - \beta}{2}$

   $\sin \alpha - \sin \beta = 2 \cos \dfrac{\alpha + \beta}{2} \sin \dfrac{\alpha - \beta}{2}$

5. **複素数**

   $\exp(i\alpha) = \cos \alpha + i \sin \alpha \ \ (i = \sqrt{-1})$

6. **微分・積分**

   関数 $f(x), g(x)$；定数 k, a；C は積分定数

   $\{f(x) \pm g(x)\}' = f'(x) \pm g'(x)$

   $\{kf(x)\}' = kf'(x)$

   $\{f(x) \cdot g(x)\}' = f'(x)g(x) + f(x)g'(x)$

   $\left\{\dfrac{f(x)}{g(x)}\right\}' = \dfrac{f'(x) \cdot g(x) - f(x) \cdot g'(x)}{\{g(x)\}^2}$

   $\dfrac{dy}{dx} = \dfrac{dy}{dz} \dfrac{dz}{dx}$

   $(x^n)' = nx^{n-1}$　　$(e^x)' = e^x$

   $(\ln x)' = \dfrac{1}{x}$　　$\{\ln|f(x)|\}' = \dfrac{f'(x)}{f(x)}$

   $\int \{f(x) \pm g(x)\} dx = \int f(x) dx \pm \int g(x) dx$

   $\int k f(x) dx = k \int f(x) dx$

   $\int x^n dx = \dfrac{1}{n+1} x^{n+1} + C \ (n \neq -1)$

   $\int \dfrac{dx}{x} = \ln|x| + C$　　$\int e^x dx = e^x + C$

   $(\sin x)' = \cos x$　　$\int \sin x \, dx = -\cos x + C$

   $(\cos x)' = -\sin x$　　$\int \cos x \, dx = \sin x + C$

7. **統　計**

   データ (x_i, y_i), $i = 1, 2, \cdots, n$ について

   平均値：$\bar{x} = \dfrac{1}{n}(x_1 + x_2 + \cdots + x_n)$

   　　　　$\bar{y} = \dfrac{1}{n}(y_1 + y_2 + \cdots + y_n)$

   分　散：

   $v_x = \dfrac{1}{n}\{(x_1 - \bar{x})^2 + (x_2 - \bar{x})^2 + \cdots + (x_n - \bar{x})^2\}$

   $v_y = \dfrac{1}{n}\{(y_1 - \bar{y})^2 + (y_2 - \bar{y})^2 + \cdots + (y_n - \bar{y})^2\}$

   標準偏差：$s_x = \sqrt{v_x}$ ；　$s_y = \sqrt{v_y}$

   共分散：$S_{xy} = \dfrac{1}{n}\{(x_1 - \bar{x})(y_1 - \bar{y}) + (x_2 - \bar{x})(y_2 - \bar{y})$
   　　　　　　$+ \cdots + (x_n - \bar{x})(y_n - \bar{y})\}$

   相関係数：$r = \dfrac{S_{xy}}{s_x s_y}$

8. **級数展開**

   $e^x = 1 + \dfrac{x}{1!} + \dfrac{x^2}{2!} + \dfrac{x^3}{3!} + \cdots$

   　　　（$x = 1$ のとき，$e = 2.71828\cdots$）

   $\ln(1 + x) = x - \dfrac{x^2}{2} + \dfrac{x^3}{3} - \dfrac{x^4}{4} + \cdots$

   $\sin x = x - \dfrac{x^3}{3!} + \dfrac{x^5}{5!} - \dfrac{x^7}{7!} + \cdots$

   $\cos x = 1 - \dfrac{x^2}{2!} + \dfrac{x^4}{4!} - \dfrac{x^6}{6!} + \cdots$

9. **有用な近似式**

   $x \approx 0$ のとき以下の式が成り立つ．

   $e^{\pm x} = 1 \pm x$　　$\ln(1 \pm x) = \pm x$

   $\sin x = x$　　　　$\cos x = 1$

基礎物理定数の値

物理量（記号）	数値
アボガドロ定数 (N_A)	$6.022\,140\,76 \times 10^{23}\,\mathrm{mol^{-1}}$
気体定数 (R)	$8.314\,462\,62\,\mathrm{J\,K^{-1}\,mol^{-1}}$
真空中の光速度 (c_0)	$2.997\,924\,58 \times 10^{8}\,\mathrm{m\,s^{-1}}$
真空の誘電率 (ε_0)	$8.854\,187\,817 \times 10^{-12}\,\mathrm{F\,m^{-1}}$
中性子の質量 (m_n)	$1.674\,927\,472 \times 10^{-27}\,\mathrm{kg}$
重力の標準加速度 (g)	$9.806\,65\,\mathrm{m\,s^{-2}}$
電気素量 (e)	$1.602\,176\,634 \times 10^{-19}\,\mathrm{C}$
電子の質量 (m_e)	$9.109\,383\,56 \times 10^{-31}\,\mathrm{kg}$
ファラデー定数 (F)	$9.648\,533\,289 \times 10^{4}\,\mathrm{C\,mol^{-1}}$
プランク定数 (h)	$6.626\,070\,15 \times 10^{-34}\,\mathrm{J\,s}$
ボーア半径 (a_0)	$5.291\,772\,106\,7 \times 10^{-11}\,\mathrm{m}$
ボルツマン定数 (k_B)	$1.380\,649 \times 10^{-23}\,\mathrm{J\,K^{-1}}$
陽子の質量 (m_p)	$1.672\,621\,898 \times 10^{-27}\,\mathrm{kg}$

SI 接頭語

接頭語	記号	倍数
ペタ	P	10^{15}
テラ	T	10^{12}
ギガ	G	10^{9}
メガ	M	10^{6}
キロ	k	10^{3}
ヘクト	h	10^{2}
デカ	da	10
デシ	d	10^{-1}
センチ	c	10^{-2}
ミリ	m	10^{-3}
マイクロ	μ	10^{-6}
ナノ	n	10^{-9}
ピコ	p	10^{-12}
フェムト	f	10^{-15}

SI 基本単位

物理量	SI 単位の名称	SI 単位の記号
長さ	メートル	m
質量	キログラム	kg
時間	秒	s
電流	アンペア	A
熱力学温度	ケルビン	K
物質量	モル	mol
光度	カンデラ	cd

数学定数

定数	記号	数値
円周率	π	3.1416
自然対数の底	e	2.7183
10 の自然対数	ln 10	2.3026

SI 組立単位

物理量	SI 単位の名称	SI 単位の記号	SI 基本単位による表現
力	ニュートン	N	$\mathrm{m\,kg\,s^{-2}}$
圧力, 応力	パスカル	Pa	$\mathrm{m^{-1}\,kg\,s^{-2}} = \mathrm{N\,m^{-2}}$
エネルギー, 仕事, 熱量	ジュール	J	$\mathrm{m^{2}\,kg\,s^{-2}} = \mathrm{N\,m} = \mathrm{Pa\,m^{3}}$
工率, 仕事率	ワット	W	$\mathrm{m^{2}\,kg\,s^{-3}} = \mathrm{J\,s^{-1}}$
電荷・電気量	クーロン	C	$\mathrm{s\,A}$
電気抵抗	オーム	Ω	$\mathrm{m^{2}\,kg\,s^{-3}\,A^{-2}} = \mathrm{V\,A^{-1}}$
電位差（電圧）・起電力	ボルト	V	$\mathrm{m^{2}\,kg\,s^{-3}\,A^{-1}} = \mathrm{J\,C^{-1}} = \mathrm{W\,A^{-1}}$
静電容量・電気容量	ファラド	F	$\mathrm{m^{-2}\,kg^{-1}\,s^{4}\,A^{2}} = \mathrm{C\,V^{-1}}$
周波数・振動数	ヘルツ	Hz	$\mathrm{s^{-1}}$

よく用いられる SI 以外の単位

単位の名称	物理量	記号	換算値
熱化学カロリー	エネルギー	$\mathrm{cal_{th}}$	$1\,\mathrm{cal_{th}} = 4.184\,\mathrm{J}$
デバイ	電気双極子モーメント	D	$1\,\mathrm{D} \approx 3.335\,641 \times 10^{-30}\,\mathrm{C\,m}$
ガウス	磁場（磁束密度）	G	$1\,\mathrm{G} = 10^{-4}\,\mathrm{T}$
リットル	体積	L, l	$1\,\mathrm{L} = 10^{-3}\,\mathrm{m^{3}}$

換算表

$1\,\text{Å}$（オングストローム）$= 10^{-8}\,\mathrm{cm} = 10^{-10}\,\mathrm{m} = 0.1\,\mathrm{nm} = 100\,\mathrm{pm}$

$1\,\mathrm{atm}$（標準大気圧）$= 760\,\mathrm{Torr}$（トル）$= 760\,\mathrm{mmHg} = 1.013\,25 \times 10^{5}\,\mathrm{Pa} = 101.325\,\mathrm{kPa}$

$1\,\mathrm{bar}$（バール）$= 1 \times 10^{5}\,\mathrm{Pa} = 100\,\mathrm{kPa} \approx 0.986\,923\,\mathrm{atm}$

$1\,\mathrm{eV}$（電子ボルト）$\approx 1.602 \times 10^{-19}\,\mathrm{J} \approx 96.4853\,\mathrm{kJ\,mol^{-1}}$

$R = 8.314\,\mathrm{J\,K^{-1}\,mol^{-1}} = 0.082\,06\,\mathrm{L\,atm\,K^{-1}\,mol^{-1}}$

$1\,\mathrm{L\,atm} = 101.325\,\mathrm{J}$